U0861607

安全生产“谨”上添花图文知识系列手册

员工安全行为规范宣传教育手册

东方文慧　中国安全生产科学研究院　编

中国劳动社会保障出版社

图书在版编目(CIP)数据

员工安全行为规范宣传教育手册/东方文慧　中国安全生产科学研究院编. —北京：中国劳动社会保障出版社，2012
安全生产“谨”上添花图文知识系列手册
ISBN 978-7-5045-9569-0

Ⅰ. ①员…　Ⅱ. ①东…②中…　Ⅲ. ①安全生产-行为规范-安全教育-手册　Ⅳ. ①X93-65

中国版本图书馆 CIP 数据核字(2012)第 041326 号

中国劳动社会保障出版社出版发行
（北京市惠新东街 1 号　邮政编码：100029）
出 版 人：张梦欣
*
北京市艺辉印刷有限公司印刷装订　新华书店经销
880 毫米×1230 毫米　32 开本　4.375 印张　91 千字
2012 年 3 月第 1 版　2023 年 4 月第14次印刷
定价：20.00 元

营销中心电话：400-606-6496
出版社网址：http://www.class.com.cn

编委会名单

序

生产经营单位发生的大量事故，促使人们探求事故发生的原因及规律，建立事故发生的模型，以指导事故的预防，减少或避免事故的发生，于是就有了事故致因理论。

各种事故致因理论几乎都有一个共识：人的不安全行为与物的不安全状态是事故的直接原因。无知者无畏，不知道危险是最大的危险。人为失误、违章操作是安全生产的大敌。有资料表明，工矿企业 80% 以上的事故是由于违章引起的。因此，即使在现有的设备设施状况、作业环境、管理水平下，如果大幅度减少违章，安全生产状况也会有显著改善。

作业人员的遵章守纪，是安全生产的重要前提之一，其重要性不言而喻。企业员工要具备与自己的工作岗位相适应的生理、心理与行为条件，要具有熟练的操作技能，还应具备故障监测与排除、事故辨识与应急操作、事故应急救援等技能。这就是打造所谓“本质安全人”的基本要求，这也是企业面临的重要而艰巨的任务。

多年来，东方文慧为“本质安全人”奉献了大量优秀的安全文化产品。新年伊始，又策划出版了“安全生产‘谨’上添花图文知识系列手册”，这是一件十分有意义的事情。通过安全生产知识的学习，对提高广大员工的安全素质将会起到重要作用。

系列手册包括了《安全生产基础知识宣传教育手册》《作业现场安全知识宣传教育手册》《消防安全知识宣传教育手册》《全民公共安全知识宣传教育手册》《员工安全行为规范宣传教育手册》5个分册，内容翔实，图文并茂，通俗易懂，是企事业单位安全生产培训与宣教以及职工自主学习的优秀资源。

我相信，系列手册的出版将会为企业的安全生产增砖添瓦。我愿意将系列手册推荐给广大职工，同时将我的祝福送给各位朋友：平安相随，幸福相伴！

赵云胜

2012年2月20日

目 录

第一章

重视安全教育 规范岗位职责

第一节 强制安全教育 保障员工安全

一、三级安全教育的主要内容

三级安全教育是指对新招收的职工、新调入职工、来厂实习的学生或其他人员所进行的厂级安全教育、车间安全教育和班组安全教育。

1. 厂级安全教育的主要内容

（1）讲解劳动保护的意义、任务、内容和其重要性，使新入厂的职工树立起“安全第一”和“安全生产人人有责”的思想。

（2）介绍企业的安全概况，包括企业安全工作发展史、企业生产特点、企业设备分布情况（重点介绍接近要害部位、特殊设备的注意事项）、企业安全生产的组织机构、企业的主要安全生产规章制度（如安全生产责任制、安全生产奖惩条例、厂区交通运输安全管理制度、防护用品管理制度以及防火制度等）。

（3）介绍企业典型事故案例和教训，抢险、救灾、救人常识以及工伤事故报告程序等。

2. 车间安全教育的主要内容

（1）介绍车间的概况。如车间生产的产品、工艺流程及其特点，车间人员结构、安全生产组织状况及活动情况，车间危险区域、有毒、有害工种情况，车间劳动保护方面的规章制度和对劳动保护用品的穿戴要求和注意事项，车间事故多发部位、原因，有什么特殊规定和安全要求，介绍车间常见事故和对典型事故案例的剖析，介绍车间安全生产中的好人好事，车间文明生产方面的具体做法和要求。

（2）根据车间的特点介绍安全技术基础知识。如冷加工车间的特点是金属切削机床多、电气设备多、起重设备多、运输车辆多、各种油类多、生产人员多和生产场地比较拥挤等。机床旋转速度快、力矩大，要教育工人遵守劳动纪律，穿戴好防护用品，小心衣服、发辫被卷进机器，手被旋转的刀具擦伤。

要告诉工人在装夹、检查、拆卸、搬运工件，特别是大件时，要防止碰伤、压伤、割伤；调整工、夹、刀具，测量工件，加油以及调整机床速度均须停车进行；擦车时要切断电源，并悬挂警告牌，清扫铁屑时不能用手拉，要用钩子钩;工作场地应保持整洁，道路畅通；装砂轮要恰当，附件要符合要求规格，砂轮表面和托架之间的空隙不可过大，操作时不要用力过猛，站立的位置应与砂轮保持一定的距离和角度，并戴好防护眼镜；加工超长、超高产品，应有安全防护措施等。

（3）介绍车间防火知识，包括防火的方针，车间易燃易爆品的情况，防火的要害部位及防火的特殊需要，消防用品放置地点，灭火器的性能、使用方法，车间消防组织情况，遇到火险如何处理等。

（4）组织新工人学习安全生产文件和安全操作规程制度，并应教育新工人尊敬师傅，听从指挥，安全生产。

3. 班组安全教育的主要内容

（1）介绍本班组的生产特点、作业环境、危险区域、设备状况、消防设施等。重点介绍高温、高压、易燃易爆、有毒有害、腐蚀、高空作业等方面可能导致发生事故的危险因素，交代本班组容易出事故的部位和典型事故案例的剖析。

（2）讲解本工种的安全操作规程和岗位责任，重点讲思想上应时刻重视安全生产，自觉遵守安全操作规程，不违章作业；爱护和正确使用机器设备和工具；介绍各种安全活动以及作业环境的安全检查和交接班制度。告诉新工人出了事故或发现了事故隐患，应及时报告领导，采取措施。

（3）讲解如何正确使用、爱护劳动保护用品和文明生产的要求。要强调机床转动时不准戴手套操作，高速切削要戴保护眼镜，进入车间戴好工帽，进入施工现场和登高作业必须戴好安全帽、系好安全带，工作场地要整洁，道路要畅通，物件堆放要整齐等。

（4）实行安全操作示范。组织重视安全、技术熟练、富有经验的老工人进行安全操作示范，边示范、边讲解，重点讲安全操

作要领，说明怎样操作是危险的，怎样操作是安全的，不遵守操作规程将会造成什么样的严重后果。

二、跟踪继续教育和个别教育

新员工入厂后，必须接受三级安全教育。当前，工矿企业主要采取上述方式对新员工开展安全教育。同时，还采用“跟踪继续教育”“个别教育”等方式，加强和延伸三级安全教育。

1．跟踪继续教育学习要点

新员工在经过三级安全教育，分配到班组跟随师傅从事本岗位工作之后，还必须有一段实习时间。期满后经过综合考核合格，才允许其独立操作。这段时间的长短，可根据新员工本身的具体情况确定。

跟踪继续教育的目的，主要在于根据新员工已经具有一定的生产实践知识和技能，进一步提高他们对安全生产的思想认识。

（1）结合新员工的实际情况，深入地进行安全生产方针、政策、法规方面的教育；

（2）结合工厂生产情况及安全情况进行安全再教育；

（3）工伤事故案例教育，特别是这期间新员工发生工伤事故的案例教育，更有现实意义；

（4）表扬新员工当中在安全生产中出现的好人好事并批评表现不好的人和事；

（5）进一步阐述搞好安全生产的重要性和遵规守纪的重要性等。

每次跟踪继续教育后，应组织新员工座谈讨论，并进行测验或考试，其成绩应登记备查。

2．个别教育学习要点

这种教育形式一般适用于曾发生过工伤事故的员工和忽视安全生产、经常违反《安全操作规程》的员工。

当发生工伤事故的员工伤好上班后，车间应会同工厂安技主管部门，对他进行个别教育。向他指出事故发生的直接原因和间接原因，谁是事故的直接责任者和主要责任者，以及他本人应负的责任和应当接受的经验教训。同时还应向他提出改进的措施，避免再发生类似的事故。

对于忽视安全生产，经常违反《安全操作规程》的员工，车间也应会同工厂安技主管部门，对他进行个别教育。向他指出忽视安全生产、违反《安全操作规程》的危害，帮助他分析产生这种思想、行为的根源；同时让他观看违章作业造成事故的图片、录像片和有关实物，要求他制定出改进措施。

三、特种作业人员安全教育

1．特种作业和特种作业人员

特种作业指容易发生事故，对操作者本人，他人的安全健康及设备、设施的安全可能造成重大危害的作业。

直接从事特种作业的从业人员称为特种作业人员。

2．特种作业的范围

（1）电工作业，包含高压电工作业、低压电工作业、防爆电气作业。

（2）焊接与热切割作业，包含熔化焊接与热切割作业、压力焊作业、钎焊作业。

（3）高处作业，包含登高架设作业，高处安装、维护、拆除作业。

（4）制冷与空调作业，包含制冷与空调设备运行操作作业、制冷与空调设备安装修理作业。

（5）煤矿安全作业，包含煤矿井下电气作业、煤矿井下爆破作业、煤矿安全监测监控作业、煤矿瓦斯检查作业、煤矿安全检查作业、煤矿提升机操作作业、煤矿采煤机（掘进机）操作作业、煤矿瓦斯抽采作业、煤矿防突作业、煤矿探放水作业。

（6）金属非金属矿山安全作业，包含金属非金属矿井通风作业、尾矿作业、金属非金属矿山安全检查作业、金属非金属矿山提升机操作作业、金属非金属矿山支柱作业、金属非金属矿山井下电气作业、金属非金属矿山排水作业、金属非金属矿山爆破作业。

（7）石油天然气安全作业，包含司钻作业。

（8）冶金（有色）生产安全作业，包含煤气作业。

（9）危险化学品安全作业，包含光气及光气化工艺作业、氯碱电解工艺作业、氯化工艺作业、硝化工艺作业、合成氨工艺作业、裂解（裂化）工艺作业、氟化工艺作业、加氢工艺作业、重氮化工艺作业、氧化工艺作业、过氧化工艺作业、胺基化工艺作业、磺化工艺作业、聚合工艺作业、烷基化工艺作业、化工自动化控制仪表作业。

（10）烟花爆竹安全作业，包含烟火药制造作业、黑火药制造作业、引火线制造作业、烟花爆竹产品涉药作业、烟花爆竹储存作业。

此外，还包含安全生产监督管理总局认定的其他作业。

3. 对特种作业人员的要求

（1）培训和取证。上岗作业前，必须进行专门的安全技术和操作技能的培训教育，获得证书后方可上岗。

（2）安全技术考核。安全技术考核包括安全技术理论考试与实际操作技能考核两部分。离开特种作业岗位达6个月以上，应当重新进行实际操作考核，经确认合格后方可上岗作业。

（3）复审。取得《特种作业操作证》者，每3年进行1次复审。连续从事本工种10年以上的，严格遵守有关安全生产法律法规的，经原考核发证机关或者从业者所在地考核发证机关同意，可延长到6年1次。

安全妙语“谨”上添花：

安全教育三步走	细节教育靠班组
员工安全大课堂	跟踪教育师傅帮
入厂教育大局观	个别教育不犯错
车间教育整体感	特种作业有保障

第二节　规范企业内部岗位职责

一、总经理（厂长）岗位安全规范

（1）总经理（厂长）是本单位安全生产的第一责任人，对本单位的安全生产工作负全面的领导责任。

（2）建立、健全并组织落实安全生产责任制。

（3）建立健全本单位的安全生产组织机构，按要求配备安全生产专业管理人员，并保持相对稳定。

（4）组织制定本单位的各项安全生产规章制度和操作规程，并确保贯彻实施。

（5）组织制订本单位安全生产年度计划和长远规划，确定安全生产目标。保证安全投入的有效实施和安全费用的提取使用，不断改善劳动条件。

（6）定期召开安全生产专题会议，及时研究解决安全生产重大问题；组织开展安全生产宣传教育培训，确保从业人员掌握本岗位的安全操作技能，不经安全生产教育和培训合格不得上岗。

（7）组织开展安全生产检查，及时消除事故隐患。

（8）组织制定并实施生产安全事故应急救援预案，并每年组织演练一次。

（9）按规定及时如实报告生产安全事故,组织事故救援和善后，配合事故调查，在事故调查处理期间不得擅离职守。

（10）向职工大会、职代会、股东会或股东大会报告安全生产情况，接受工会、从业人员、股东对安全生产工作的监督。

（11）法律、法规、规章规定的其他责任。

二、副总经理（副厂长）岗位安全规范

（1）对分管职责范围内的安全生产工作负直接责任。分管安全生产的副总经理（副厂长）在总经理（厂长）外出期间全权负责协调处理本单位安全生产的日常工作。

（2）分管安全生产的副总经理（副厂长）直接领导本单位安全部门的工作，及时研究解决或审批有关安全生产的重大问题。组织制定本单位的应急救援预案，并做好演练的各项协调准备工作。

（3）分管安全生产的副总经理（副厂长）负责组织制定、修订安全生产规章制度和操作规程、危险源点及监控办法，组织编

制安全技术措施计划，并认真组织实施。

（4）当安全与生产发生矛盾时，首先要消除不安全因素，做到生产服从安全，坚决贯彻“安全第一，预防为主，综合治理”的方针。

（5）定期对分管职责内的安全生产情况进行检查，分析安全生产动态，落实事故隐患的整改，及时解决安全生产中的问题。

（6）组织开展安全生产宣传教育活动，定期组织岗位安全技术练兵，总结推广先进经验，奖励先进单位和个人。

（7）组织开展安全生产培训考核工作，向职工告知所在岗位危险因素、防范措施及事故应急措施。

（8）按规定组织事故调查和上报工作，并按事故调查处理“四不放过”的原则，使全体人员受到教育，采取切实可行的措施杜绝同类事故的发生。

（9）法律、法规、规章规定的其他责任。

三、部门经理、车间主任岗位安全规范

（1）部门经理、车间主任对本部门、车间安全生产全面负责。

（2）贯彻执行安全生产法律法规和企业安全生产规章制度及操作规程，确保各项规章制度和操作规程等得到有效实施。

（3）组织对新员工进行车间安全教育，对职工进行经常性的安全教育，定期考核。

（4）组织开展安全生产检查，做好安全检查记录，发现隐患要及时组织整改，确保设备、安全装置、防护设施处于完好状态；部门、车间无力整改的要采取临时安全措施，及时上报领导，发生事故要立即按紧急救援预案组织抢救，保护现场，并立即报告。

（5）严格执行劳保用品管理制度，督促职工正确穿戴。

（6）定期检查安全防护用品、消防器材、压力仪表等，一经发现失效立即向上级领导汇报。

（7）对本车间发生的事故及时报告并采取应急处理措施，配备合格的安全管理人员，支持车间安全员工作，充分发挥班组安全员的作用。

（8）法律、法规、规章规定的其他责任。

四、班组长岗位安全规范

（1）组织职工学习、贯彻执行各项安全生产规章制度和操作规程，教育职工遵章守纪，制止违章行为。

（2）组织新员工进行岗前安全教育培训，对临时调动人员要告知其所在岗位危险因素、防范措施及事故应急措施。

（3）组织开展班组安全活动，认真执行交接班制度，做到班前讲安全、班中检查安全、班后总结安全，做好班组安全生产工作日志。

（4）认真检查岗位工艺指标及各项安全执行情况，做好设备和安全设施的巡查及维修保养工作，并做好记录台账。

（5）发生事故立即报告，并按应急救援预案进行抢救，保护现场，做好记录，参加和协助调查，落实防范措施。

（6）组织职工参加企业（厂）组织的安全生产活动。

（7）法律、法规、规章规定的其他责任。

五、职工岗位安全规范

（1）认真学习和严格遵守单位安全生产规章制度和操作规程、劳动纪律，不违章作业，并劝阻制止他人违章作业。

（2）认真执行交接班制度，接班前必须认真检查本岗位的设备和安全设施是否齐全完好。

（3）精心操作，严格执行工艺操作规程，遵守纪律，运行记录清晰、及时、真实、整洁。按时认真进行安全检查，发现异常及时处理和报告，正确分析、判断和处理各种事故苗头，把事故消灭在萌芽状态。

（4）发生事故果断处理，及时如实地向上报告，严格保护现场，做好记录。

（5）认真维护保养设备，发现缺陷及时消除，并做好记录，保持作业现场整洁。

（6）按规定穿戴劳保用品并妥善保管，正确使用各种防护用品和消防器材，发现失效及时向上级反映。

（7）参加安全生产教育培训，提高安全生产技能，了解、掌握本岗位存在的危险因素、防范措施及事故应急措施。

（8）参加事故抢险和救援。

（9）法律、法规、规章规定的其他责任。

六、安全生产管理部门及专（兼）职安全员岗位安全规范

在分管安全生产副总经理（副厂长）的领导下具体负责本企业的安全工作。

（1）执行法律、法规、规章和标准，协助制定、实施安全生产责任制和年度工作计划，并组织考核。

（2）参与制定并监督检查落实安全资金投入、技术措施、规章制度、操作规程。

（3）组织安全检查，制止违规行为，对查出的事故隐患，协助和督促有关部门及时落实整改措施，并报告负责人。

（4）开展安全生产宣传、教育和培训，推广先进技术和经验。

（5）参与建设项目“三同时”审核验收和生产工艺、技术、设备的安全性能检测及事故预防措施的制定工作；负责在有危险因素的生产经营场所和有关设施、设备上设置明显的安全警示标志。组织汇总、编制安全技术措施计划，提出技术措施方案，批准后严格监督执行情况。

（6）监督落实职业病危害防范防治措施，督促劳动防护用品发放、使用；会同有关部门搞好防尘、防毒、防噪声、防暑降温工作，不断改善劳动条件。

（7）协助生产安全事故的调查和处理，负责各类事故的统计、分析、上报工作与事故应急预案的制定和演练，并建立健全事故档案。

（8）负责审查承包、承租单位相关资质、证照等资料，拟订承包（租）安全生产管理协议。

（9）建立并管理安全生产台账。

（10）其他安全生产管理职责。

七、计划、生产、财务部门岗位安全规范

（1）制订长远发展规划应包括安全技术措施计划，以及改善劳动条件的项目。

（2）对所需要采取的安全技术措施，在计划安排时，应保证资金使用，一经立项，则不准挪作他用。

（3）组织编制或修订生产工艺规程、操作规程、岗位操作方法，参与安全技术规程的修订。

（4）在进行生产技术革新和挖潜改造时，要同时解决事故隐患，

保证安全，遇到生产中的异常情况，应及时处理。如遇危险紧急情况，应先处理后报告，但严禁违章指挥。

（5）负责生产（工艺）事故的调查、统计、上报工作，制定事故防范措施，并参加其他重大事故的调查。

八、设备动力部门岗位安全规范

（1）负责对设备动力装置及工业建筑物、构筑物的安全管理。

（2）负责联系对工业建筑物、构筑物、起重机械、压力容器、高压管件、气瓶、热力管网和安全装置的定期检测、检验、校验工作。

（3）制订或审定有关设备制造、运行方案和组织编制大、中修项目的安全措施计划，并确保实施。

（4）在计划和布置检修任务时，同时计划和布置安全措施。

（5）组织按时实现安全技术措施计划和隐患整改措施。

（6）负责设备事故的调查、统计、上报工作，参加有关重大事故的调查处理工作。

安全妙语"谨"上添花：

岗位职责要规范　　各司其职有标准
自上而下抓生产　　企业同心保安全

第二章 安全作业勤整顿 工具使用要规范

第一节　常见大型工、器具安全使用常识

一、常用安全工、器具的保养

（1）安全工、器具应统一分类编号，定点存放。使用后不得任意乱放，防止受潮、霉变、受热、变形，避免触及油、酸、碱等腐蚀性物质而造成不应有的损伤。

（2）安全工、器具的保管人员应熟悉安全工、器具的保管、使用规定及使用方法，每次使用后应进行常规检查。

（3）认真查看安全工、器具上贴的试验合格标签，是否在有效期内，严禁使用超期未试验的安全工、器具进行操作。

（4）进行外观检查，保证清洁完好。

（5）检查各连接部分是否牢固可靠，有无锈蚀、断裂现象。

（6）查看有无机械损伤、裂纹、变形、老化炭化、受潮等现象。

（7）检查电压、绝缘工具是否有破损等。

（8）绝缘安全工、器具使用前应擦拭干净，使用时应戴绝缘手套。

安全妙语“谨”上添花：

工具保养要谨慎　常规检查很重要
各种损伤须避免　擦拭干净保整洁

二、角磨机安全使用常识

1．角磨机的结构及使用范围

角磨机由电动机、碳刷、传动机构、角磨片、钥匙组成。主要用于钢制管道、设备的棱角、焊缝及金属材料打磨工作。

2．角磨机的性能

角磨机的转速是 11 000 r/min，连续工作 30 min 后要停 15 min。

3．角磨机的使用及注意事项

（1）操作前要穿好工作服，袖口扣紧，工作时应穿戴好防护用品、防护眼镜，但不允许戴手套。

（2）检查角磨机是否有合格证，是否过期。检查好角磨机是否能用，角磨机是否漏电，电线的金属部分有无裸露在空气中的部分。

（3）使用前，先要检查好角磨片，应符合使用要求、无裂纹。把角磨机的电线布置整齐，不要影响角磨机使用，防止工作时磨到电线。

（4）使用时一定要抓紧角磨机，不要让角磨机脱出伤人。操作时思想应高度集中，不允许一边与人谈话一边进行操作，角磨片的方向不能向着人。应在接通电源前确认角磨机开关是在关闭位置，防止瞬间接通伤人。

（5）打开开关之后，要等待角磨机的角磨片转动稳定后才能工作。

（6）在使用时不要用力过大，以防角磨片破裂伤人，角磨的使用角度一般在 30° ～ 45° 。

（7）更换角磨片时，确认角磨机开关是在关闭位置，必须断开电源后再进行更换，以防在更换的时候角磨机意外转动伤人。

连续工作 30 min 后要停止使用 15 min。如果在使用时角磨机发热就要停止工作，待温度降下来后确认电动机后部碳刷室内碳刷磨损情况，如磨损严重必须进行更换。

（8）角磨机的转速较高，为 11 000 r/min，严禁手持小零件进行加工。

三、切割机安全使用常识

1．切割机的结构及使用范围

切割机由电动机、碳刷、传动机构、切割片、钥匙组成。主要用于钢制管道、圆钢的切割工作。

2．切割机的性能

切割机的转速为 9 300 r/min。连续工作 30 min 后要停止使用 15 min。

3．切割机的使用及注意事项

（1）操作前要穿好工作服，袖口扣紧，戴好防护眼镜，但不允许戴手套。

（2）检查切割机是否有合格证，是否过期。检查好切割机是否能用，切割机是否漏电，电线是否有裸露在空气中的部分。

（3）使用前，先要检查好切割片应符合要求、无裂纹。把切割机的电线布置整齐不要影响切割机使用，以防工作时切到电线。

（4）使用时一定要抓紧切割机，不要让切割机脱出伤人。操作时，思想应高度集中，不允许一边与人谈话一边进行操作，切割方向不能向着人。应在接通电源前确认切割机开关是在关闭位置，防止瞬间接通伤人。

（5）打开开关之后，要等待切割机转动稳定后才能工作。

（6）在使用的时候一定要把切割机端平，小心切割片被卡住破裂伤人。

（7）在使用时不要用力过大，以防切割片破裂伤人。

（8）更换切割片时，先确认切割机开关必须是在关闭位置，必须断开电源后再进行更换，以防在更换的时候切割机意外转动伤人。连续工作 30 min 后要停止使用 15 min。如果在使用时切割机发热就要停止工作，待温度降下来后确认电动机后部碳刷室内碳刷磨损情况，如磨损严重必须进行更换。

（9）切割机的转速较高，可达 9 300 r/min，严禁手持小零件进行加工。

安全妙语“谨”上添花：

切割作业要间断　紧握工具防脱手

持续运行伤机器　更换刀片要断电

四、电焊机安全使用常识

1. 电焊机的分类及用途

电焊机在机械制造等行业中应用非常广泛，根据其不同的特性通常可以分为 12 种，每种电焊机的应用领域不尽相同。

（1）交流手工弧焊机：主要焊接 2.5 mm 上以钢板；

（2）氩弧焊机：焊接 2 mm 以下的合金钢；

（3）直流焊机：焊接生铁和有色金属；

（4）二氧化碳保护焊机：焊 2.5 mm 以下的薄材料；

（5）埋弧焊机：焊接 H 钢、桥架等大型钢材；

（6）对焊机：以焊索链等环型材料为主；

（7）点焊机：以点击方式将两块钢板焊接；

（8）高频直缝焊机：以焊接管子直缝，如水管等为主；

（9）滚焊机：以滚动形式焊接罐底等；

（10）铅焊机：专门焊接铅材；

（11）闪光压焊机：以焊铜铝接头等材料；

（12）激光焊机：可以焊接三极管内部接线。

2. 电焊机使用的注意事项

（1）非维修人员或专业电工，不得擅自打开机壳。

（2）接线时应断开配电箱电源开关。接线和安装应由专门的电工负责。

（3）电焊机的机壳必须接地良好，防止机壳带电。

（4）工作人员合上或拉断电源开关时，头部不要正对电闸，防止因短路造成电火花烧伤面部。

（5）应按照电焊机的额定焊接电流和负载持续率来使用。

（6）切忌带电操作。

（7）防止转动的风扇伤人。

（8）不要将电焊机长时间暴晒在日光下。不要让电焊机淋雨。

（9）电焊机应在通风良好的环境中使用，通风孔不被遮盖。

（10）电焊机超负荷工作时间过长、电网电压低、缺相、电焊机会停止工作。

（11）选用合适的焊接电缆截面积和长度，焊接电缆不应卷成盘状。

（12）焊钳与焊件短路时，不得启动电焊机。暂停工作时不准将焊钳直接搁在焊件上。

（13）禁止在电焊机上放置任何物件和工具。

（14）焊接过程中不得调节电流。

（15）电焊机二次回路禁止连接建筑、金属构架和设备等作为焊接回路。重要阀门部件地线避免通过阀芯形成回路。

（16）工作完毕或临时离开工作场地时，不得将焊钳放在焊件上，必须及时切断电焊机电源。

（17）电焊机轻拿轻放，避免剧烈碰撞，放置要平稳，爱护电焊机，不要人为破坏。

3. 电焊机保养

（1）每半年打开机壳，用干燥的压缩空气清理机器内部粉尘和金属屑等。

（2）定期检查电焊机所有电缆绝缘皮是否有破损，将破损部分包扎或更换。

（3）定期检查电焊机内所有电气连接部分是否松动，将松动部分紧固好。

安全妙语"谨"上添花：

电焊作业需谨慎　日晒雨淋要避免
接地良好防漏电　作业完毕断电源

五、气瓶（氧气瓶、乙炔瓶、氩气瓶）安全使用常识

（1）打开气瓶前，检查瓶嘴有无油污，丝扣是否完好。开启瓶阀用力要平稳，慢慢开 3/4 转，不能超过 1 转半。吹除污物，以防灰尘和水分带入减压器。

（2）吹除试验时，工作人员应站在侧面，以防被气体冲伤，其他人员不得站在吹气方向。

（3）停止工作时，应先将减压器调整螺杆拧松，然后关闭气瓶阀门。

（4）搬运气瓶应避免碰撞和剧烈震动，装在车上后，应妥善加以固定，并将瓶上安全帽旋紧。氧气瓶、乙炔瓶不可同车运输。

（5）不得使用电磁吸盘、钢丝绳、链条等吊运气瓶。

（6）气瓶使用时，应防止阳光直接暴晒，以免引起气体膨胀爆炸。

（7）气瓶口不许沾染油脂。

（8）冬季使用气瓶时，若瓶阀冻结，可用热水或蒸汽解冻，禁止使用明火加热。

（9）气瓶使用时，应垂直放置，并固定牢固。

（10）气瓶中气体不允许全部用完，氧气留 0.1 ～ 0.15 MPa；乙炔留 0.05 ～ 0.3 MPa；氩气 0.2 ～ 0.3 MPa。

（11）氧气与乙炔瓶距离不小于 8 m，10 m 内不得有明火和热源。

（12）使用中严禁敲击、碰撞。

（13）气瓶应有防震橡胶圈。

安全妙语“谨”上添花：

气瓶使用防油污　　避免暴晒垂直放

搬运防震要固定　　严禁敲击与碰撞

六、减压器（氧气表、乙炔表、氩气表）安全使用常识

（1）减压器安装前，检查是否有油污，安装时至少拧紧 4 ～ 5 扣。

（2）应预先将减压器调压螺钉旋松后才能打开气瓶瓶阀，开启瓶阀要缓慢进行，防止损坏减压器。

（3）开启气瓶后应检查各部位有无漏气现象，压力表工作是否正常。

（4）工作停止时，应先松开减压器调压螺钉，再关闭气瓶瓶阀，并把减压器内气体放尽。

（5）减压器上不得沾染油脂，在使用过程中如发现结冰，应用热水或蒸汽解冻，不许用明火烤。

（6）减压器使用中，注意看表中白、绿、黄、红各种显示颜色。白色为可使用，绿色也可以用，黄为不可用，红为禁止使用。

（7）减压器如不能正常工作，应停止使用。

（8）乙炔减压器应装回火器。

七、液压千斤顶安全使用常识

1．立式千斤顶使用注意事项

（1）如泵体的油量不足时，需先向泵中加入工作油（10# 机油）才能工作。

（2）估计起重量，切忌超载使用。

（3）确定起重物的重心，选择千斤顶着力点，同时必须考虑到地面软硬程度，是否需要垫以坚韧的木材，以免起重时产生倾倒危险。

（4）千斤顶将重物顶升后,应及时用坚韧的木材将重物支撑牢，禁止将千斤顶作为支撑物使用，以免负荷不均衡，产生倾倒危险。

（5）使用时先将手动泵的快速接头与顶对接，然后选好位置，将油泵上的放油螺钉旋紧，即可工作。将放油螺钉旋松，油缸卸荷。

2. 板式千斤顶使用注意事项

（1）板式千斤顶是分体式液压千斤顶，因此，使用时要注意液压元的使用。

（2）使用前必须检查各部件是否正常。

（3）使用时应严格遵守主要参数规定，切忌超高、超载，否则，当起重高度或起重吨位超过规定时，油缸顶部会发生严重漏油。

（4）如手动泵体的油量不足时，需先向泵中加入经充分过滤后的 N33# 液压油才能工作。

（5）重物重心要选择适中，合理选择千斤顶的着力点，底面要垫平，同时要考虑到地面软硬条件，是否要衬垫坚韧的木材，放置是否平稳，以免负重下陷或倾斜。

（6）千斤顶将重物顶升后，应及时用支撑物将重物支撑牢固，禁止将千斤顶作为支撑物使用。如需长时间支撑重物请选用自锁式千斤顶。

（7）如需几只千斤顶同时起重时，除应正确安放千斤顶外，应使用多顶分流阀，且每台千斤顶的负荷应均衡，注意保持起升速度同步。还必须考虑因重量不匀使地面可能下陷的情况，防止被举重物产生倾斜而发生危险。

安全妙语“谨”上添花：

安全使用千斤顶　　地面坚硬不松散
注意重心莫倾斜　　顶物千万莫超载

八、液压扳手安全使用常识

1. 液压扳手的特点

（1）360° 插接式，可多个位置支撑反作用力臂，采用按钮释放，能够快速地切换拧紧和拆卸状态。

（2）紧凑、高强度一体式设计保证操作半径非常小，即使在空间受限的场合使用也很方便，所有的液压扳手表面经过镀镍处理，具有良好的防腐性能。

2. 液压扳手使用注意事项

（1）连接胶管应处于自由状态，不得盘成直径小于 500 mm 圆圈。

（2）液压扳手各连接销轴及活动部位应涂润滑脂，减少由于摩擦而造成扭矩损失。

（3）工作时液压系统不得用手接触。

（4）卸下快速接头后，其接头外露部分必须用塑料盖罩住。

（5）系统内工作油每年必须更换并清洗过滤器。

九、砂轮机安全使用常识

（1）操作前要穿紧身防护服，袖口扣紧，上衣下摆不能敞开，严禁戴手套。必须戴好安全帽，辫子应放入帽内，不得穿裙子、拖鞋。要戴好防护镜。

（2）砂轮机的底座一定要牢固，运转中不得有振动现象。砂轮紧固螺纹必须与砂轮工作旋转方向相反，螺帽要有锁紧装置，螺丝最好是细牙。安装时要作平衡试验，运转时应保持平稳。砂轮两侧要用铁夹板夹上（铁夹板不小于砂轮直径 1/2），铁板与砂轮间应衬放软性衬垫，轴与砂轮间应加软厚纸或绝缘皮使压力均匀。

（3）使用前，必须检查砂轮是否有缺损、裂缝，防护装置和吸尘装置是否牢固。开机时，人必须站在砂轮侧面，让砂轮先空转数分钟，确认情况正常后，才能开始工作。

（4）调换砂轮应由专人负责，不可用手锤敲击。拧紧砂轮夹紧螺钉时，要用力均匀。调换后，先试车，运转正常后才能工作。

（5）砂轮使用最高速度不得超过砂轮规定的安全线速度。

（6）使用时，要握牢工件，其压力应均匀一致，严禁用力撞击。不可打磨笨重物件，防止砂轮因受压不当而爆裂。细小工件应用夹子钳紧磨削，以免伤手。一个砂轮不得两人同时使用。

（7）不准在普通砂轮上磨硬质合金物，禁止磨削铜、铅、木及塑料等韧性物品，磨铁质工件应勤沾水使其冷却。

（8）不准在砂轮机旁堆放物件，使用完毕应随时切断电源，做好工作场地清洁工作。

十、钻床安全使用常识

（1）操作前要穿紧身防护服，袖口扣紧，上衣下摆不能敞开，严禁戴手套，不得在开动的机床旁穿、脱换衣服，或围布于身上，防止机器绞伤。必须戴好安全帽，辫子应放入帽内，不得穿裙子、拖鞋。

（2）开车前应检查机床传动是否正常，工具、电气、安全防护装置、冷却液挡水板是否完好，钻床上保险块、挡块不准拆除，并按加工情况调整使用。

（3）摇臂钻床在校夹或校正工件时，摇臂必须移离工件并升高，刹好车，必须用压板压紧或夹住工作物，以免回转甩出伤人。

（4）钻床床面上不要放其他东西，换钻头、夹具及装卸工件时须停车进行。带有毛刺和不清洁的锥柄，不允许装入主轴锥孔，装卸钻头要用楔铁，严禁用手锤敲打。

（5）钻小的工件时，要用台虎钳钳紧后再钻。严禁用手去停住转动着的钻头。

（6）薄板、大型或长形的工件竖着钻孔时，必须压牢，严禁用手扶着加工，工件钻通孔时应减压慢速，防止损伤平台。

（7）机床开动后，严禁戴手套操作，清除铁屑要用刷子，禁止用嘴吹。

（8）钻床及摇臂转动范围内，不准堆放物品，应保持清洁。

（9）工作完毕后，应切断电源，卸下钻头，主轴箱必须靠近端，将横臂下降到立柱的下部边端，并刹好车，以防止发生意外。同时清理工具，做好机床保养工作。

安全妙语“谨”上添花：

开动钻床勿乱动　　床面杂物要清空
设备正常可工作　　经常清理勤保养

第二节　常见小型工具安全使用常识

一、小型工具安全使用一般要求

（1）使用工具人员，必须熟知工具的性能、特点、使用、保管和维修及保养方法。

（2）各种施工工具必须是正式厂家生产的合格产品。

（3）工作前必须对工具进行检查，严禁使用有腐蚀、变形、松动、故障、破损等不合格工具。

（4）停止工作时，禁止把机件、工具放在机器或设备上。

（5）带有牙口、刃口尖锐的工具及转动部分应有防护装置。

（6）使用特殊工具时（如喷灯、冲头等），应有相应的安全措施。

（7）小型工、器具应放在工具袋中妥善保管。

二、电动工具安全使用常识

（1）电动工具必须装漏电保护器。

（2）电动工具必须有可靠的接地保护。

（3）电源开关及电线必须符合安全要求。

（4）使用电动工具时，应有必要的、合格的绝缘用品，在潮湿地带或金属容器内使用电动工具，必须有相应的绝缘措施，并有专人监护。电动工具的开关应设在监护人便于观察、便于操作的地方。

（5）在高处或横向使用磁力电钻时，应有防止因中途停电而造成电钻坠落的措施。

（6）使用射钉枪时，要注意周围环境，防止伤人。

（7）使用电动扳手时，反力矩支点应牢靠，否则不许启动。

安全妙语“谨”上添花：

电动工具防漏电　　绝缘措施不能少
开关安全要接地　　操作谨慎勿伤人

三、风动工具安全使用常识

（1）使用风动工具，气源应装气水分离器，以免混浊空气进入损坏机件。

（2）供气的金属管和软管应进行吹洗，不得对着人操作，与套口连接应牢固。

（3）风管不得成锐角，遭受挤压或受到损坏时应立即停止使用。

（4）风动工具在使用过程中沿风管方向不得站人，以防风管脱口伤人。

（5）更换工具附件须待气体全部排出、压力下降后方可进行。

（6）使用冲击性风动工具（风锤，风镐、风铲、风枪等）时，必须把工具置于工作状态后方可通气。

（7）严禁用氧气做风动工具的风源。

四、风动手持工具安全使用常识

施工中常用的风动工具有：风镐、风锤、风铲、风动砂轮机等。风动工具的特点是工作时振动大、噪声大。这样容易使作业人员过早地产生疲劳现象。由于风动工具的动力源是空气压缩机，所以比以电能为动力的工具要安全得多。但是如果由于操作不正确、维护保养不好，也容易发生伤害事故。

1. 输送空气的管道应注意事项

（1）风动工具的软管必须与供气的金属管连接牢固，在工作之前应先通气吹冲管道，冲吹时排气口不许对着人。

（2）输送管道不得变成锐角，不得产生扭绞和变形；当输送的距离较远时，最好将软管架空，以防止被车辆、重物碾压或砸坏；软管通过横道时，可使用套管保护，也可用槽板、槽钢盖住。

（3）使用中更换工具附件或交换工具时，应事先切断压缩空气，并将管内余下的空气排尽后方可进行更换操作。

（4）风动输送软管不许用来清扫人员身上的灰尘和切屑；严禁用氧气作为风动工具的气源。

2. 使用风动砂轮机应注意事项

（1）必须保证有正常的工作压力，一般的工作压力为0.44 ～ 0.54 MPa。

（2）随时检查砂轮机的各部件是否完好，紧固砂轮的螺柱、螺母必须拧紧。

（3）工作时不允许用砂轮撞击被磨削的工件或其他物件，磨削时人工施加的压力不宜过大，周围不要站人，作业者应戴好护目镜。

（4）工作结束时，应先切断气源（关闭进气阀门），排尽管内的余气后再拆卸风管和工具。

3. 使用风铲应注意事项

（1）风铲是用于各种金属表面的铲切工具。对于焊缝的铲切及各种大、中型铸件清砂，铲除浇、冒口等各种不规范的表面，都是十分有效的；对于狭小而不易铲削的金属表面的铲切，使用起来也较为方便。

（2）风铲上应装由启动器控制的自动关闭阀，以保证只有压下启动器时，风铲才能开动。

（3）操作时握住手柄向铲切方向紧压，使凿子的肩缘抵住钢套，应从低速向高速逐步进行，直到正常的铲切。

（4）作业人员应佩戴护目镜、耳罩，以防飞屑伤眼和噪声对耳膜的伤害，风铲的手柄上要加设减振装置。

安全妙语"谨"上添花：

风动工具怕磨损　　气源禁止用氧气
输送管道不弯折　　防护装备穿戴齐

五、燃气、机械、油压工具安全使用常识

1. 喷灯安全使用常识

（1）喷灯是靠燃油产生高温的工具，由于喷灯是手持工具，其稳定性差，火焰温度高，又有一定压力，使用时必须谨慎。

（2）使用前应仔细进行检查，油壶不得漏油，喷油嘴螺钉不得漏气，油壶内的油量不得超过油壶容积的 3/4，加油的螺钉应拧紧。

（3）禁止明火的工作区，严禁使用喷灯；附近有可燃物体和易燃物体的场所禁止使用喷灯；使用喷灯时，灯内压力及火焰应调整适当，工作场所不得靠近易燃物体，工作场所应使空气流通。

（4）严禁向使用煤油或柴油喷灯内注入汽油。

（5）喷灯加油时应灭火，且待冷却后放尽油压方可加油，喷灯用完后也应放尽压力，待冷却后放入工具箱妥善保管。

安全妙语"谨"上添花：

喷灯使用需谨慎 明火作业要禁止
高温危险防漏油 日常保管有规定

2. 千斤顶安全使用常识

由于千斤顶具可顶升重物而不需要辅助设备，且顶升缓慢、均匀、稳定，又适用于校正设备安装偏差和物件变形等，因而在安装施工中广泛应用。但由于千斤顶与顶升重物接触点较小，又依赖底座的平整、坚实而且又要求与重物接触良好，所以使用时要注意以下几个问题。

（1）因千斤顶种类较多，型号繁杂，使用前必须熟知其性能、特点及使用方法。

（2）保持千斤顶的清洁，应放在干燥、无尘处。切不可在潮湿、污垢、露天处存放，使用前应将千斤顶清洗干净，并检查活塞升降以及各部件是否灵活可靠，油注入是否干净。

（3）使用油压千斤顶时，禁止工作人员站在千斤顶安全栓的前面，安全栓有损坏者不得使用。

（4）千斤顶应与顶物垂直且接触面要好。

（5）千斤顶顶升重物不能长时间放置不管，更不能做寄存物件用。

（6）千斤顶使用时的放置处应平整、坚实，如在凹凸不平或土质松软地面，应铺设具有一定强度的垫板。为保持千斤顶与重物接触面稳固，其接触面间应垫以木板。

（7）不得在千斤顶的摇把上套接管子或用其他任何方法加长摇把的长度。

（8）千斤顶顶升高度不得超过限位标志线，如无标志线者，不得超过螺丝杆扣或活塞高度的3/4。螺旋螺纹或齿条磨损达20%时严禁使用。

（9）要注意千斤顶顶升过程的安全操作。顶升重物时，应先将重物稍为顶升一些，然后检查千斤顶底部是否稳固平整，稍有倾斜必须重新调整，直至千斤顶与重物垂直、平稳、牢固时，方可继续顶升，到位后将重物垫好。

（10）千斤顶下降时应缓慢，不得猛开油门使其突然下降，齿条千斤顶也应如此，以防止突然下降造成摇把跳动而打伤人。

（11）数台千斤顶同时顶升一个重物时，应有专人指挥，以保持升降的同步进行，防止受力不均物体倾斜而发生事故。

3．链条葫芦安全使用常识

链条葫芦（又称倒链）是一种不需要底部铺垫固定，且可将重物在空间中升在任何一个需要的位置上的一种小型起重工具，使用携带均很方便，它不仅可以用于安装，也可用做收紧缆绳及庞大设备运输时的固定，还可以用于对口、找正等。

（1）使用的链条葫芦必须是正式厂家的合格产品。

（2）对用过的、旧的链条葫芦，使用前应做详细检查，如吊钩、链条等是否完好，起重链根部销子是否合乎要求，传动部分是否

灵活，起重链是否错扭，自锁是否有效，各部件是否有裂纹、变形、严重磨损等。

（3）使用时如发生卡链，应将重物垫好后方可检修。

（4）链条葫芦在任何方向作用时，手拉链的方向应与链轮的方向一致，拉链条时用力要均匀，不得突然猛拉。

（5）操作时，葫芦下方不得站人。

（6）严禁超负荷使用。操作中应用根据葫芦起重能力的大小决定拉链的人数，一般起重能力在 5 t 以下的允许 1 人拉链，5 t 以上的允许两人拉链，拉不动时要查明原因，以防物体卡阻或机件失灵发生事故。

（7）吊物如需要在高处停留一段时间，应将手拉链牢固地拴在起重链上进行保险，并要有安全绳，以防自锁失灵。

（8）链条葫芦不得用于高处寄存重物或设备。

（9）链条磨损达 15%以上严禁继续使用。

（10）切勿将润滑油渗入摩擦片内，以防自锁失效。

第三节　实用手动工具安全使用常识

一、实用手动工具日常使用要领

1. 手动工具携带要领

（1）手动工具携带时应放在专用的套带里或工具袋、工具桶中，不要放在衣裤的口袋里，更不要插在腰带上。

（2）对暂时不用的工具，存放位置要得当，安放应平稳，使其不易脱落伤人，不要放在脚手架、架空的管道及机械的部件上。

（3）作业人员之间应手递手地传递工具，不要抛掷；传递带锋利刃口的工具时，要把柄部向着接工具的人。

（4）对于撬棍之类须用肩扛的工具，在携带时要注意前后左右，使之不与其他物体和人员相碰，放下时要稳。

（5）携带有软线的轻便动力工具时，要注意保护好软线，使其远离尖锐物、热源、油或溶剂，以免损坏或软化绝缘。

2. 手动工具的柄部

（1）受锤子击打的工具柄部，长期受击打易出现局部碎裂，为此，应在如錾子、冲头、岩石钻等柄部端头安装金属箍（青铜环）。

（2）对于需装木柄的手动工具，其木柄应采用有韧性的硬木（如柞木、榆木、胡桃木、槐木、枫木等）制作。木柄应表面光滑，不应有节疤、裂口和其他缺陷。

（3）木柄与锤头、斧头的连接必须牢靠、坚固，以防使用时木柄折断或锤头飞出，在使用中如发现手柄有松动现象，必须立即楔紧；切不可只靠楔子紧固，木柄与装配孔配合好更重要。

（4）为防止木柄在手中打转、打滑，木柄宜做成椭圆形。

安全妙语“谨”上添花：

使用工具要稳妥　传递工具手递手

用完归位才安全　避免飞掷不伤人

二、实用手动工具安全使用要领

1．金属切割工具安全使用要领

（1）錾子安全使用要领：

● 錾子是錾削用的工具，通常是用碳素钢制作的，不可用高速钢作錾子。

热处理后的硬度为 HRC48 ～ 52；錾顶不准淬火，不准有裂纹和毛刺。

● 一般錾削毛坯表面的毛刺，浇、冒口和分割材料可用扁錾（阔錾）；錾槽及分割曲线形板料可用尖錾（狭錾）；錾削油槽使用油槽錾。

● 握錾方式和操作要正确。錾子要用左手中指、无名指和小指握着，大拇指和食指自然合拢，錾子头部伸出 20 mm 左右；为了减小錾击对手的震动，錾子不要握得太紧。

● 錾削时，应从工作侧面的尖角处轻轻起錾，錾开缺口后再全刃工作，否则，錾子容易弹开或打滑；切削距工件尽头 10 mm 处时，应掉头錾削。

● 为防止锤子从錾子端头滑脱时打在手上，可在錾柄握手处上方套一个泡沫橡胶垫；为防止飞屑或碎块伤人，作业者应戴护目镜，工作台上应放置钢网护板。

● 錾尖应略带球面形，如有飞边卷刺应及时修整，以保证锤击力通过錾子中心线。

（2）锉刀安全使用要领：

● 锉刀是用高碳钢 T13 或 T12 制成的，淬火后的硬度为 HRC62–67。

● 锉刀分为普通锉、特种锉和整形锉三类。普通锉又分为平锉、方锉、圆锉、半圆锉和三角锉等；特种锉分直锉和弯锉等；整形锉俗称组锉，由许多各种形状和断面的锉刀组成一套。还有粗锉刀、细锉、双细锉刀和油光锉刀。

● 锉刀必须装柄后方可使用，否则，锉刀的尾尖有可能扎伤手及手腕或身体的其他部位。

● 一般用右手握紧锉柄，左手握住或扶住锉刀的前边，两只手均匀用力，推进锉刀；断面比较小的锉刀在使用时施力不要过大，以免使锉刀折断；锉削速度不要过快，一般在每分钟 20 ～ 60 次为宜。

● 锉刀和锉刀柄上防止油脂污染，正在锉削的工件表面也不宜被油脂污染，防止锉刀打滑，造成事故。

● 锉削时不要用嘴吹切屑，以防切屑飞入眼内；也不要用手去清除切屑，以防切屑扎破手指和手掌，应该使用刷子清扫除掉。

● 锉刀用后应妥善放置，不应重叠摆放，以免损坏锉齿；放在操作台上时，不要露出台面，以防掉下伤脚。

● 严禁将锉刀做其他工具使用，不能当扁铲、撬棍使用，以防折断伤人。

（3）手锯安全使用要领：

● 手锯锯条多用碳素工具钢和合金工具钢制成，并经热处理淬硬。

● 应根据所加工材料的硬度和厚度去正确地选用锯条；锯条安装的松紧要适度，根据手感应随时调整。

● 被锯割的工件要夹紧，锯割中不能有位移和振动；锯割线离工件支撑点要近。

● 锯割时要扶正锯弓，防止歪斜，起锯要平稳，起锯角不应超过 15º，角度过大时，锯齿易被工件卡夹。

● 锯割时，向前推锯双手要适当地加力；向后退锯时，应将手锯略微抬起，不要施加压力。用力的大小应根据被割工件的硬度而确定，硬度大的可加力大些，硬度小的可加小些。

● 安装或调换新锯条时，必须注意保证锯条的齿尖方向要朝前;锯割中途调换新锯条后，应调头锯割，不宜继续沿原锯口锯割;当工件快被锯割下时，应用手扶住，以免下落伤脚。

（4）丝锥和板牙安全使用要领：

● 丝锥和板牙是切削内、外螺丝的工具。一般用工具钢或高速钢制作，并经热处理淬火硬化。丝锥分为手用丝锥和机用丝锥两种；板牙有圆板牙和圆柱管螺纹板牙。

● 攻丝时端面孔口要倒角；丝锥要与工件的孔同轴；攻丝开始时应施加轴向压力，使丝锥切入，切入几圈之后就不再需要施加轴向力。

● 当丝锥校准部分进入螺孔后，每正转半圈到一圈就要退回 1/4 ~ 1/2 圈，使切屑碎断后再往下攻；攻下通孔时，要经常退出丝锥进行排屑。

● 在钢类工件上攻丝时要加切削液，在铸铁工件上攻丝时可加少许煤油；用了头攻后，再用二攻、三攻时，必须将丝锥旋入螺孔。

● 套丝时工件端部要倒角，板牙端面应与工件轴线垂直；套丝开始时要施加轴向压力，转动压力相应地要大一些；当板牙在工件上切出螺纹时，就不要再加压力。

● 套丝时为使切屑碎断，排出及时，应经常反转板牙。

● 工件应牢固地固定在夹、卡具上；当丝锥折断时，不要用手去触摸拆掉处，用夹錾或样冲剔出；要戴好防护镜。

（5）剪切刀安全使用要领：

● 剪切刀是用两个楔形刀刃相对运动，对薄板材料进行成形和切割用的刀具。应根据被剪材料的厚度及工件的形状选用相应规格的剪切刀，以防剪切刀由于超负荷工作而崩刃。一般剪切直的、弯度不大的、短的切口，可使用直口手工剪；剪切直的、长的工件可用直通剪；剪切内曲线应用孔剪；剪切厚度大的应用手动机器剪。

● 不要将被剪切的工件过近地推向剪轴，这样由于剪口开口较大，工件受切力时容易向外滑，会造成伤害事故；刃角为 14° 时最有利于剪切，省力又防滑。

● 剪切时不要用手去摸刚刚被剪过的工件边缘，以免被锋利的毛刺伤手。搬运或手扶工件时，作业人员必须戴帆布或皮革制成的防护手套。

● 使用剪切刀修剪金属薄板的角边或裂口时，为防止碎片飞出伤害眼睛，作业者必须戴好护目镜。

● 剪切时应将工件夹固好，防止工件受力后转动伤人；不要在剪切刀柄上套管子加长剪柄使用。

（6）刮刀安全使用要领：

● 刮刀是工件表面精加工刀具，具有锋利的刃口。多采用碳素钢或滚动轴承钢制成，有的镶有硬度合金的刀头。一般分为平面刮刀和曲面刮刀两种，应根据加工工件的表面准确地选用。

● 刮刀应装有牢固、光滑的手柄。因为在刮削时用力较大，如果把柄部脱落或断裂，都会给人造成伤害；特别是在用挺刮法时，刮刀尾部应装配光滑的、接触面较大的把柄，以防伤害作业者的腹部或身体的其他部位。

● 刮刀在不使用时，应放在不易坠落的部位，以防掉落时伤人及损坏刮刀；不要将刮刀同其他工具放在一个工具袋中，应单独妥善保管。

● 被刮削的工件一定要稳固、牢靠，高度位置适宜人员的操作，在刮削时，不许被刮削的工件有移动、滑动的现象。

2. 木工工具安全使用要领

（1）斧和锛的安全使用要领：

● 斧和锛是木工主要的砍削工具。单刃斧适合于砍削；双刃斧适合于砍劈。锛主要用于大木料平面的砍削。

● 要经常保持斧和锛的刃口锋利，这样有利于刃口砍入木料，刃口钝的斧和锛在使用时会从木料表面上滑过而伤及人的腿或脚。

● 平砍时，应将木料卡在工作台上，被砍削面朝上，两手紧握斧把；立砍时，一手将木料拿住扶正，另一手紧握斧把，开始落斧时用力要轻，掌握好落斧的方向和用力的大小，逐渐地加力砍削。

● 砍削时必须注意斧头和锛的运动弧线，在这个运动弧线的范围内，不要有诸如钢丝、铁线或藤条、树枝等障碍，以防钩住斧头和锛，从手中滑出造成伤害事故，使用锛时要小心谨慎，看准砍稳。

● 在地面上砍劈时，作业人员必须穿安全防护鞋；被砍劈的木料底下要垫上木块；破劈圆木料时，应将木料放在马架子上或枕槽上，以固定住木料，防止木料滚滑而伤及作业者的脚和腿。

● 必须随时注意斧头与把柄的连接是否牢固，防止斧头飞出伤人；在砍削时如遇到疤节，不要硬砍，应从疤节的中心向两边砍削。

（2）锯子安全使用要领：

● 木工使用的锯割工具种类繁多，由于锯的结构不同而分为框锯（又叫架锯、有粗锯、中锯、细锯、绕锯、大锯等）、横锯、刀锯、倒锯、板锯、狭手锯、钢丝锯等。

● 框锯在使用前先用旋钮把锯条角度调整好，习惯上应与木架的平面成45°，用绞片将绷绳绞紧，使锯条绷直拉紧；开锯路时，右手紧握锯把，左手按在起始处，轻轻推拉几下，用力不要过大；锯割时不要左右歪扭，送锯时要重，提锯时要轻，推拉的节奏要均匀；快割锯完时应将被锯下的部分用手拿稳。用后要放松锯条，并挂在牢固的位置上。

● 使用横锯时，两只手的用力要均衡，防止向用力大的一侧跑锯；纠正偏口时，应缓慢纠偏，防止卡锯条或将锯条折断。

● 使用钢丝锯时，用力不可太猛，拉锯速度不可太快，以免将钢丝绷断。拉锯时，作业者的头部不许位于弓架上端，以免钢丝折断时弹伤面部。

● 应随时检查锯条的锋利程度和锯架、锯把柄的牢固程度；对锯齿变钝、斜度不均的锯条要及时修理，对绳索、螺母、旋钮、把柄及木架的损坏也应及时修整、恢复后才可继续使用。

（3）凿子安全使用要领：

● 凿子是打眼、剔槽及在狭窄部分作切削的工具，分为平凿、斜凿、圆凿等。凿方孔和切削应用平凿；倒棱、剔槽及狭窄部分的剔削宜使用斜凿；圆凿专用于凿圆孔或弧形部分。

● 凿削前，应先将木料放在工作凳上，如果木料长度在 40 cm 以上时，作业人员可坐在木料上面进行操作，打凿子时，一手紧握凿柄，不要使凿子左右摆动，以防锤和斧滑落伤手。

● 凿柄应用硬质的檀木、榉木、柞木制作，为防止受击时柄端起毛或出现裂口、裂纹，应在柄端受击打处装上铁箍保护。

● 凿削时应随时注意斧把、锤柄及凿柄的牢固程度，以免斧头或锤头脱飞伤人；不要将木凿子当撬具使用；凿子不使用时应妥善保管，不要放在易坠落的部位。

3. 装配工具安全使用要领

装配工具通常指的是螺丝刀、活络扳手、开口扳手、整体扳手、内六角扳手、套筒扳手、拔销器、斜键和轴承装卸工具等。

（1）扳手安全使用要领：

● 扳手主要是用于旋紧六角形、正方形螺钉和各种螺母的工具，采用工具钢、合金钢或可锻铸铁制成。一般分为通用的、专用的和特殊的三大类。

使用时应根据螺钉、螺母的形状、规格及工作条件选用规格相适应的扳手去操作。

● 由扳手体、固定钳口、活动钳口及蜗杆等组成活络扳手是通用扳手。它的开口尺寸可在一定的范围内调节，所以在开口尺寸范围内的螺钉、螺母一般都可以使用。但也不可用大尺寸的扳手去旋紧尺寸较小的螺钉，这样会因扭矩过大而使螺钉折断；应按螺钉六方头或螺母六方的对边尺寸调整开口，间隙不要过大，否则将会损坏螺钉头或螺母，并且容易滑脱，造成伤害事故；应让固定钳口受主要作用力，要将扳手柄向作业者方向拉紧，不要向前推，扳手手柄不可以任意接长，不应将扳手当锤击工具使用。

● 呆扳手（开口扳手）、套筒扳手、锁紧扳手和内六角扳手等称为专用扳手。它的特点是单头的只能旋拧一种尺寸的螺钉头或螺母，双头的也只可旋拧两种尺寸的螺钉头或螺母；呆扳手使用时应使扳手开口与被旋拧件配合好后再用力，如接触不好时就用力容易滑脱，使作业者身体失衡；套筒扳手在使用时也需接触好后再用力，发现梅花套筒及扳手柄变形或有裂纹时，应停止使用，要注意随时清除套筒内的尘垢和油污；锁紧扳手和内六角扳手使用时要注意选择合适的规格、型号，以防滑脱伤手。

● 棘轮扳手、扭矩限定扳手是根据特殊要求而制成的特种扳手，应根据产品说明书的要求去正确使用，或根据指示器的读数来调整作用力。

（2）螺丝刀安全使用要领：

● 螺丝刀是用来旋紧或松开头部带沟槽的螺丝钉的专用工具。它的工具部分用碳素工具钢制成，并经淬火硬化。一般分为四种类型：标准螺丝刀、弯头螺丝刀、十字螺丝刀、快速螺丝刀。

● 应根据旋紧或松开的螺丝钉头部的槽宽和槽形选用适当的螺丝刀；不能用较小的螺丝刀去旋拧较大的螺丝钉；十字螺丝刀用于旋紧或松开头部带十字槽的螺丝钉；弯头螺丝刀用于空间受到限制的螺丝钉头。

● 螺丝刀的刀口损坏、变钝时应随时修磨，用砂轮磨时要用水冷却；无法修补的螺丝刀，如刀口损坏严重、变形、手把柄裂开或损坏应报废。

● 不要用螺丝刀旋紧或松开握在手中工件上的螺丝钉，应将工件夹固在夹具内，以防伤人。

● 不可用锤击螺丝刀手把柄端部的方法撬开缝隙或剔除金属毛刺及其他物体。

（3）手钳：

● 手钳是用来夹住工件或剪切工件的专用工具，钳口不是固定的，钳口表面有锯齿和剪切刃口，所以也叫夹剪。另一种是电工用手钳，主要用于剪切线材。

● 不要将手钳当成扳手使用；剪切线材短头时，为防止飞出的短头伤人，短头应朝地下，作业者应戴上护目镜；电工手钳把柄处必须加绝缘套。

（4）锤子安全使用要领：

● 锤子是主要的击打工具，由锤头和锤柄组成，锤头材质多为 45 号钢。根据被击打工件的不同，锤头也有用铅、铜、橡皮、塑料或木材等制成的软锤子。锤子的重量应与工件、材料和作用相适应，太重和过轻都会不安全。所以，为了安全，使用锤子时，必须正确选用锤子和掌握击打时的速度。

● 使用手锤时，要注意锤头与锤柄的连接必须牢固，稍有松动就应立即加楔紧固或重新更换锤柄。锤子的手柄长短必须适度，合适的长度是手握锤头，前臂的长度与手锤的长度相等；在需要较小的击打力时可采用手挥法，在需要较强的击打力时，宜采用臂挥法；采用臂挥法时应注意锤头的运动弧线，手锤柄部不应被油脂污染。

（5）大锤安全使用要领：

● 锤头与把柄连接必须牢固，凡是锤头与锤柄松动、锤柄有劈裂和裂纹的绝对不能使用。锤头与锤柄如果在安装孔加楔，以金属楔为好，楔子的长度不要大于安装孔深的 2/3。

- 为了在击打时有一定的弹性，把柄的中间靠顶部的地方要比末端稍狭窄。
- 使用大锤时，必须注意前后、左右、上下，在大锤运动范围内严禁站人，不许用大锤与小锤互打。
- 锤头不准淬火，不准有裂纹和毛刺，发现飞边卷刺应及时修整。

羊角锤既可敲击、锤打，又可以起拔钉子，但对较大的工件锤打就不应使用羊角锤。钉钉子时，锤头应平击钉帽，使钉子垂直进入木料，起拔钉子时，宜在羊角处垫上木块，增强起拔力，不应把羊角锤当撬具使用，应注意锤击面的平整完好，以防钉子飞出或锤子滑脱伤人。

第四节　手持电动工具的安全使用常识

一、手持电动工具安全使用教育的重要意义

随着科技的发展，技术的进步，越来越多的手持电动工具被广泛地应用在施工现场。这类工具对提高工作效率，保证工艺水平等方面起着十分关键的作用。

但是这类工具在使用时必须由作业人员用手紧握手柄不断移动，振动比较大，其内部的绝缘易损坏；其电源导线也会因拖、拉、拽、磨、碰等各种原因损坏绝缘层，致使带电导线外露，当人体与带电的机壳或载流外露线芯相碰接触时会发生触电事故；也会

由于作业者的操作不当，而使转动部分伤人。

因此，为了安全地使用手持电动工具，必须进行安全技术教育，使每个作业者都会合理地选用、正确地使用手持电动工具，并自觉地按照所使用的手持电动工具的安全操作规程去操作；并能够定期对工具进行维护保养，使工具保持良好的使用性能。

由于手持电动工具的额定工作电压一般都是 220 V，所以无论在什么场合、环境下使用，都要加设漏电保护器。在危险性比较大的场所，如狭窄、潮湿或有大体积金属与人体接触时，应选用工作电压不超过 36 V 的手持电动工具。当 36 V 不能满足电动工具工作，必须使用 220 V 的电压时，除加设漏电保护器以外，还必须将工具的金属外壳接地、接零，作业人员穿绝缘鞋、戴绝缘手套，并有人监护或使用本身具有双重绝缘的电动工具。

二、手持电动工具的安全使用常识

1. 使用手电钻、冲击钻、电锤时应注意的事项

（1）金属外壳要有接地或接零保护；塑料外壳应防止碰、磕、砸，不要与汽油及其他溶剂接触。

（2）钻孔时不宜用力过大过猛，以防止工具过载；转速明显降低时，应立即把稳，减少施加的压力；突然停止转动时，必须立即切断电源。

（3）安装钻头时，不许用锤子或其他金属制品物件敲击，手拿电动工具时，必须握持工具的手柄，不要一边拉软导线，一边

搬动工具，要防止软导线擦破、割破和被轧坏等。

（4）较小的工件在钻孔前必须先固定牢固，这样才能保证钻孔时使工件不随钻头旋转，保证作业者的安全。

（5）外壳的通风口（孔）必须保持畅通；必须注意防止切屑等杂物进入机壳内。

2. 使用手提电动砂轮、坡口机时应注意的事项

（1）选用结构特性符合被磨削材料和磨削性质的砂轮，使用前应进行全面的性能检查，然后由专人安装。

（2）应选用可调式砂轮防护罩，以便随时根据工作要求进行调整；其圆周和侧面的最大外露角不要超过 180°；使用时磨削速度不能高于砂轮的额定速度。

（3）磨削或切割时，施力不要过大，应均匀施力，以防砂轮破碎；作业人员应戴上防护镜。

（4）手拿砂轮时应注意使其不要碰撞或磕碰到坚硬的金属等物体上，砂轮应远离油脂、水或其他溶剂。

3. 使用手提电锯、电刨应注意的操作事项

（1）在使用电锯和电刨时，应保护好导线，以保证导线不会被锯齿和电刨刃刮割。

（2）操作时施力的大小必须适当，不要把圆锯盘硬挤在工件缝隙内，要在锯齿不与工件接触时启动或停止；当锯程开始或结束时，操作应格外小心，此时锯齿露在外边，极易伤人。

（3）当木料较短时，无论对其刨还是锯之前，都要夹固牢靠后方开始操作。

（4）手提电锯面板的上方和下方必须装防护罩，为盖住外露的锯齿，下方的防护罩应能够自动返回。

三、手持电动工具在使用前应检查的项目

（1）对照铭牌查看一下所选用的工具型号及技术性能是否满足工作内容需要。

（2）外壳、手柄是否完好无损。

（3）软导线是否完好无损。

（4）外壳接地、接零保护线连接是否正确。

（5）接线插头是否完好，爪数是否正确，手动开关是否灵活，有无异常。

（6）漏电保护器动作是否灵敏。

（7）机械转动部分是否灵活，有无障碍，保护装置是否完好。

安全妙语“谨”上添花：

手持工具须拿稳　　注意导线勿损坏

漏电保护很重要　　保护装置要完好

第三章

深入学习典型案例 安全事故重在预防

第一节 火灾爆炸事故警示录

一、湖南省长沙市某宾馆火灾

1. 基本情况

2011 年 1 月 13 日 0 时 55 分，湖南省长沙市某宾馆（7 层砖混结构，建筑面积 1 350 m^2，一层为大厅，局部设夹层，为员工用房，二至七层为客房，共 40 间、53 个床位）发生火灾，造成 10 人死亡、4 人受伤，过火面积 150 m^2，火灾直接财产损失 603 645 元。起火原因为西娜湾宾馆一楼夹层地面中部自行改装的电烤火炉引燃覆盖在炉上棉质被套起火。

2．主要教训

（1）宾馆违反规定使用有明火隐患且自行改装的电烤火炉取暖是导致火灾发生的直接原因。

（2）宾馆消防安全管理制度不落实，消防安全管理职责不明，消防安全管理混乱，消防安全责任人、管理人无消防安全意识，特别是员工未经消防安全培训，当班管理人员李某某、服务员黄某在接到五楼旅客称有烟味的情况下未仔细巡查，未能及时发现火灾，延误了人员安全疏散、初期火灾扑救的最佳时间。

（3）消防器材设施维护管理不到位，宾馆内的火灾自动报警、自动喷水灭火系统在起火时处于关闭状态，失去了应有的报警和灭火功能，自动消防设施形同虚设。

（4）宾馆疏散楼梯设置不符合规范要求、外窗设置金属护栏影响了被困人员的疏散逃生和救援。

二、广东省东莞市某临街店铺火灾

1．基本情况

2011 年 1 月 13 日 23 时 31 分，广东省东莞市某临街店铺（共五层半，建筑面积 500 m^2，一层为五金商店，二楼以上均为出租屋）发生火灾，造成 8 人死亡，1 人受伤，过火面积 100 m^2。

2．主要教训

（1）起火商铺易燃物多，且混合堆放。该建筑为“三合一”场所，天那水、油漆等易燃易爆物品与电动机、轴承、轮胎等同时堆放在店内，且在楼上的走道内堆放大量的易燃、可燃物品，导致火势迅速蔓延。

（2）业主消防安全意识淡漠，管理混乱。一楼商铺与楼上住宅疏散楼梯之间没有采用实体墙进行有效分隔，而是用铁栅栏和木板分隔，且分隔不完全。由于火势猛烈，木板很快被烧穿，浓烟从缺口处涌入楼梯内，形成“烟囱效应”，完全封堵了逃生通道。该建筑内所有窗户均被防盗网封堵，而预留的逃生口被上锁。

三、辽宁省沈阳市某大厦火灾

1．基本情况

2011 年 2 月 3 日 0 时 13 分，辽宁省沈阳市某大厦发生火灾。大厦分 A、B、C 三座，总建筑面积约为 23 万米 ^{2}，其中 A 座为五星级酒店，52 层，184 m，建筑面积约 12 万米 ^{2}；B 座为公寓楼，37 层，150 m，建筑面积约 5 万米 ^{2}；C 座为写字楼，37 层，150 m，建筑面积约 6 万米 ^{2}。火灾从 B 座引起，随即蔓延至 A 座。火灾发生后，沈阳支队派出 71 辆消防车、306 名官兵赶赴现场扑救，辽宁总队迅速调集鞍山、铁岭、本溪、抚顺、辽阳和桃园机场消防队 127 辆消防车、270 名官兵增援，火灾未造成人员伤亡。火灾是因燃放烟花爆竹引燃建筑物外墙所致。

2．主要教训

节日期间，群众违规燃放烟花爆竹的情况比较普遍。广大市民应在节日期间自觉遵守当地政府关于烟花爆竹燃放的有关规定，确保烟花爆竹燃放的消防安全。

四、青海省西宁市某百货大楼火灾

1．基本情况

2011 年 4 月 9 日 15 时许，青海省西宁市某百货大楼发生火灾，西宁市公安消防支队调集 42 辆消防车赶赴现场扑救，22 时 32 分大火被扑灭，成功疏散 1 200 余名被困人员。火灾造成 1 人死亡、15 人受伤，过火面积约 8 000 m^2。据调查，该百货大楼分为原建楼、新建楼、扩建工程三部分，其中原建楼地上 10 层，1 ～ 5 层为商场，6 ～ 10 层为办公区；新建楼地上 30 层，1 ～ 7 层为商场，8 ～ 30 层为住宅；扩建工程与原建楼东侧 1 ～ 5 层连接，钢结构，建筑面积 1 200 m^2。起火部位为原建楼东侧扩建工程二层违章搭建的民工住宿用棉帐篷内，大火从扩建工程蔓延至原建楼和新建楼，原建楼 2 层以上全部过火，新建楼 3 ～ 5 层局部过火。

2．主要教训

（1）建设单位违法施工。百货大楼扩建工程于 2010 年 8 月开工建设，未依法将消防设计文件报当地公安消防部门备案。

（2）拆除部分防火分隔墙体。施工单位将原建楼东侧 1 ～ 5 层实体墙拆除，施工区和商场营业区采用易燃聚苯乙烯夹芯彩钢板作临时分隔，导致火灾发生后引燃彩钢板迅速蔓延至营业区。此外，原建楼 4 层部分防火墙拆除改用木板分隔，原建楼、新建楼防火分区部分防火卷帘下降时卡住未形成有效分隔，致使大火进入营业区后迅速蔓延扩大。

（3）单位“四个能力”建设不扎实。该单位是青海省西宁市“四个能力”建设示范单位，多处火灾隐患未及时消除，违反消防管理标准，边施工、边营业；消防电源为单路供电；自动消防设施维护保养不善，火灾发生后部分防火卷帘不能下降，关闭自动喷水灭火系统；原建楼大部分窗户内部使用彩钢板、木板封堵，外墙设置巨型广告牌；发生火灾后，员工虽然使用干粉灭火器进行扑救，起火部位的2个室内消火栓未使用，以致初起火灾没有得到及时控制；施工单位在扩建工程内违章搭建棉帐篷作为施工人员宿舍，帐篷内违规使用大功率电暖器、电炉、电褥、电水壶等电热设备，施工现场缺乏消防管理。

五、北京市大兴区旧宫镇火灾

1．基本情况

2011年4月25日1时13分，北京市大兴区旧宫镇南小街三村一栋4层楼房发生火灾，北京市公安消防总队迅速调集7个中队、27辆消防车、206名官兵赶赴现场扑救，2时02分火灾被扑灭，疏散被困人员30余人，过火面积约300 m^2，造成17人死亡、24人受伤。起火建筑位于北京城乡结合部，系村民自建联排4层楼房，建筑高度约12 m，建筑面积约700 m^2，1～3层为砖混结构，4层为彩钢板搭建。1层、2层用于服装加工，有49台缝纫机；1层另有5个房间、2层另有6个房间住人；3层、4层为出租房屋。

2. 主要教训

（1）该建筑系村民自建，未经有关部门审批，未按照有关规定办理外来人员居住审批手续。

（2）建筑内有服装加工作坊、员工宿舍和出租房，属“三合一”场所，4层彩钢板搭建出租屋。住宿未与生产区域实行防火分隔，室内只有一条楼梯通道，未配置消防设施、器材。

（3）2011年4月6日该建筑内的服装加工作坊开业，辖区公安派出所于4月17日、20日两次检查，发现无照经营、消防通道狭窄、缺乏消防设施器材，填写了消防监督检查记录，要求停业整改，业主未予执行继续使用，导致火灾事故发生。

六、吉林省通化市某酒店火灾

1．基本情况

2011 年 5 月 1 日 3 时 24 分，吉林省通化市东昌区胜利路某酒店发生重大火灾，造成 10 人死亡、26 人受伤。通化市消防支队接警后调集 5 个中队、23 辆消防车、138 名官兵赶赴现场扑救。4 时 15 分，火灾被扑灭。消防官兵在灭火救援过程中营救被困人员 36 人，疏散被困人员 160 人，火灾过火面积约 500 m^2。该酒店共 8 层，地上 7 层、地下 1 层，高约 28 m，建筑面积约 6 000 m^2，共有客房 110 间，当日约有 200 人入住。

2．主要教训

（1）火灾暴露出该酒店的消防安全问题。该酒店所在建筑结构、安全疏散设施差，消防设施设置不到位，人员密集度大、通道狭小，装饰装修材料不符合防火标准，电气负荷大，消防设施维护保养不到位，存在诸多火灾隐患。

（2）员工和顾客消防安全意识差。此次火灾由于楼梯间失火，封闭了人员疏散逃生通道，人员缺乏疏散逃生知识，造成遇难者窒息死亡。

七、氢气燃爆事故

1. 事故经过简述

2001 年 2 月 27 日 16 时 45 分，江苏省某化肥厂合成车间管道突然破裂，随即氢气大量泄漏。厂领导立即命令操作工关闭主阀、附阀，全厂紧急停车。大约 5 min 后，正当大家在紧张讨论如何处理事故时，突然发生爆炸，在面积约千余平方米的爆炸中心区，合成车间近 10 m 高的厂房被炸成一片废墟，附近厂房数百扇窗户上的玻璃全部震碎，爆炸致使合成车间内当场死亡 3 人，另有 2 人因伤势过重抢救无效死亡，26 人受伤。

2. 事故原因分析

根据爆炸理论，可燃气体在空气中燃爆必须具备以下条件：一是可燃气体与空气形成的混合物浓度达到爆炸极限，形成爆炸性混合气；二是有能够点燃爆炸性混合气的点火源。据调查，事发之时合成车间没有现场动火等明火火源，那么，点火源从何而来，专家对氢爆炸事故的原因进行剖析：

（1）爆炸混合气体的形成。管道破裂后，氢气大量泄漏，立即形成易燃易爆混合气体，并迅速扩散。氢气在空气中爆炸极限是 4% ～ 74.1%，当氢气浓度达到爆炸极限遇点火源会发生爆炸。

（2）点火源的产生。事故发生后，事故现场一片废墟，点火源难以十分准确定位。根据事发之前现场和事故本身情况分析，点火源的产生有以下几种可能：氢气泄漏过程中产生的静电火花；高温物体表面；电气火花；人身静电火花。

● 静电火花。氢气大量泄漏会产生静电火花。当两种不同性质的物体相互摩擦或接触时，由于它们对电子的吸引力大小不同，在物体间发生电子转移，使其中一物体失去电子而带正电荷，另一物体获得电子带负电荷。如果产生的静电荷不能及时导入大地或静电荷泄漏的速度远小于静电荷产生的速度，就会产生静电的积聚。氢气不易导电，能保持相当大的电量。

氢气在管线中流动时产生静电荷。当氢气在管线中流动时会形成气体与固体接触分离的条件，这种现象的连续发生，就会产生静电。如果氢气管道没有接地或接地不良，就会积聚一定量的静电荷。

氢气泄漏时产生大量静电荷。当氢气从管道大量泄漏喷出时，氢气和管道破裂部位急剧摩擦，迅速接触与分离的过程，产生高静电压。接触时，在接触面形成偶电子层；分离时，偶电子层的一层电子被带走，另一层电荷留在喷口处。如果管道喷口处接地不良，就会使喷泻的氢气和喷口处分别带上大量电性相反的静电。当静电荷积聚到一定量时，就会击穿空气介质对接地体放电，产生静电火花。

● 高温物体表面。氢气的引燃温度是 560℃，氢泄漏时遇到设备管道等 560℃以上的物体外表面就会燃爆。虽然高温设备管道都进行了防腐、保温处理，阀门外露部分和其他保温残缺之处还是存在的。

● 电气火花。在可燃气体中，氢气的点火能量是最低的，只有 0.019 mJ（这个能量相当于一枚订书钉从 1 m 高处自由落下时的能量）。电线绝缘不良、接头不实、不防爆电气开关和电气设备产生的电火花均能引爆氢气。

● 人身静电。据实测，人在脱毛衣时可产生 2 800 V 的静电压，脱混纺衣服时可产生 5 000 V 静电压；当一个人穿着绝缘胶鞋在环境湿度低于 70% 的情况下走在橡胶地毯、塑料地板、树脂砖或大理石等高电阻的地板上时，人体静电压高达 5 ～ 15 kV。尼龙衣服从毛衣外面脱下时，人体可带 10 kV 以上的静电，穿尼龙羊毛混纺服再坐到人造革面的椅子上，当站起时人体就会产生近万伏的电压。穿脱化纤服装时所产生的静电放电能量也很可观，足以点燃空气中的氢气。当人体对地静电压为 2 kV 时，设人体对地电容为 200 pF，则人体静电放电时所产生的能量可达 0.4 mJ，这比氢气的最小点火能量 0.019 mJ 高出很多倍，这个能量足以引爆氢气

（人能感觉到的最小火花能量约为 1 mJ）。

（3）火灾的形成。氢气点火能量仅需 0.019 mJ。氢气和空气形成的可燃混合气遇静电火花、电气火花或 500℃以上的热物体等点火源，就会发生燃烧爆炸；如果可燃混合气的浓度达到 18.3% ～ 59%，就会发生爆轰现象。发生爆轰时，高速燃烧反应的冲击波，在极短时间内引起的压力极高，这个压力几乎等于正常爆炸产生最大压力的 20 倍，对建筑物能在同一初始条件下瞬间毁灭性摧毁，具有特别大的破坏力。

3. 事故预防措施

（1）加强相关安全技术知识的培训，提高职工对临氢设备危险性的认识。建立健全各项规章制度，认真贯彻执行《氢气使用安全技术规程》（GB 4962—2008）及《氢气站设计规范》（GB 50177—2005）和相关石化设计标准。

（2）切实加强临氢系统的设备管理，对临氢部位的氢腐蚀、氢脆等情况定期进行技术分析和系统检漏，并利用设备周期大检修之际彻底检修。

（3）临氢设备防爆区之内严禁明火。进入该区域人员应穿防静电服或纯棉工作服；在该区域内严禁使用手机等通信设备；防爆区内电气设施，包括照明灯具，开关应为防爆型，电线绝缘良好、接头牢靠；防爆区内严禁存在暴露的热物体。

（4）临氢设备管道应装设专用静电接地线，氢管道泄漏时，严禁使用易产生静电的物品，如胶皮包裹堵漏。

第二节　机械伤害事故警示录

一、擅自作业害人害己

1. 事故经过

2000 年 11 月 28 日，河南省某化肥厂机修车间，1 号 Z35 摇臂钻床因全厂设备检修加工备件较多，工作量大，人员又少，工段长派女工宋某到钻床协助主操作工干活，往长 3 m、直径 75 × 3.5 mm 的不锈钢管上钻直径 50 mm 的圆孔。28 日 10 时许，宋某在主操师傅上厕所的情况下，独自开床，并由手动进刀改用自动进刀。钢管是半圆弧形，切削力矩大，产生反向上冲力。由于工具夹（虎钳）紧固钢管不牢，当孔钻到 2 ／ 3 时，钢管迅速向上移动而脱离虎钳，造成钻头和钢管一起作 360° 高速转动，钢管先将现场一长靠背椅打翻，再打击宋某臀部并使其跌倒，宋某头部被撞伤破裂出血，缝合 5 针，骨盆严重损伤。

2. 事故原因分析

（1）造成事故的主要原因是宋某违反了工厂“不是自己分管的设备、工具不擅自动用”的规定。因为直接从事生产劳动的职工，都要使用设备和工具作为劳动的手段，设备、工具在使用过程中本身和环境条件都可能发生变化，不分管或不在自己分管时间内，可能对设备性能变化不清楚，擅自动用极易导致事故。

（2）宋某参加工作时间较短，缺乏钻床工作经验，对钻床安全操作规程不熟：①应用手动进刀，不该改用自动进刀；②工件与钢管紧固螺栓方位不对，工件未将钢管夹紧；③宋某工作中安全观念淡薄，自我防范意识不强。

3. 事故防范措施

（1）本着对事故“四不放过”的原则，厂安委会和机修车间及时组织职工进行事故案例现场教育。

（2）钻床操作人员必须经过专业技能安全培训，掌握一定操作技能，并通过安全考试，持有相应的操作证才能上机操作。

（3）工件与工具夹应用扳手或专用工具紧固牢，严格按照《钻床安全操作规程》办事，切莫只对表面操作程序简单了解就上机操作。

（4）工段长在派人更换岗位工种时，首先交代本岗安全操作注意事项，特别是参加工作较短的员工。

二、违章作业不幸身亡

2001 年 1 月 28 日，四川省某化工厂磷铵车间磷酸工段化工一班操作工王某，在对磷酸工段盘式过滤机辅料情况检查时，发生盘式过滤机翻盘叉及翻盘滚轮、导轨立柱、导轨挤压、辗压伤害事故，致王某左腰部、后背部挤压伤，双腿大腿开放性、粉碎性骨折，经抢救无效死亡。

1．事故经过

2001年1月28日0时30分，磷铵车间化工一班值长陈某、班长秦某、尹某、王某等人值夜班，交接班后，各自到岗位上班。陈某、秦某俩人工作职责之一包括到磷酸工段巡查，尹某系盘式过滤机岗位操作工，王某系磷酸工段中控岗位操作工，其职责包括对过滤机进行巡查。5时30分，厂调度室通知工业用水紧张，磷酸工段因缺水停车。

7时40分，陈某、尹某、王某3人在磷酸工段三楼（事发地楼层）疏通盘式过滤机冲盘水管，处理完毕后，7时45分左右系统正式开车，陈某离开三楼去其他岗位巡查，尹某在调冲水量及角度后到絮凝剂加料平台（距二楼楼面高差3 m）观察絮凝剂流量大小，尹某当时看到王某在三楼过滤机热水桶位置处。经过1分多钟，尹某突然听见过滤机处发生惨烈的叫声，急忙跑下平台楼到操作室关掉过滤机主机电源，然后跑出操作室看见王某倒挂在过滤机导轨上。尹某急忙呼叫值长陈某和几个工人，一齐紧急施救。

当时现场情况是：王某面部向上倒挂在导轨上，双手在轨外倒垂，双脚在导轨（固定设施）和平台（转动设备，已停机）之间的空当（200 mm）内下垂，大腿卡在翻盘叉（随平台转动设备）与导轨之间,已明显骨折。施救人员迅速倒转过滤机后将王某取出，并抬到磷酸中控室（二楼），经紧急现场抢救终因伤势过重于8时25分死亡。

2. 事故原因与性质

经事故调查小组多次现场考证、比较、分析，一致认为致伤原因如下：

（1）死者王某自身违章作业是导致事故发生的主要、直接原因。一是王某上班时间劳保用品穿戴不规范，纽扣未扣上，致使在观察过程中被翻盘滚轮辗住难以脱身，进入危险区域；二是王某在观察铺料情况时违反操作规程，未到操作平台上观察，而是图省事到导轨和导轨主柱侧危险区域，致使伤害事故发生。

（2）王某处理危险情况经验不足，精神紧张是导致事故发生的又一原因。当危险出现后，据平台运行速度和事后分析看，王某有充分的时间和办法脱险。但王某安全技能较差，自我防范能力不强。

（3）车间安全教育力度不够，实效性不强，是事故发生的又一原因。王某虽然参加了三级安全教育，且现场有规章、有标语，但出现危险情况后，针对性、适用性不够，说明车间安全教育力度、深度和实效性不高，有待加强。

（4）执行规章制度不严是事故发生的又一原因。通过王某劳保用品穿戴和进入危险区域作业可以看出，虽然现场挂有操作规程，但当班人员对王某的行为未及时纠正，说明职工在“别人的安全我有责”和安全执规、执法上还有死角，应当引以为戒。

3．事故教训和防范措施

（1）加大安全教育力度，注重针对性，加强实效性，特别是第二、三级安全教育要讲个性、讲个体、讲个案，不留死角、不留隐患，做到安全知识和技能人人理解，人人掌握。

（2）加大安全工作的执规、执法力度，切实做到“我的安全我负责，别人的安全我有责”，相互监督，相互关心。

（3）对事发地点盘式过滤机周围增设一圈防护栏，并悬挂安全警示牌。

（4）加强节假日的安全工作管理，教育职工认真做到劳逸结合，有张有弛，警钟长鸣。

（5）加强安全管理，认真、扎实地落实安全工作严、实、细、快的工作作风。勤查隐患，狠抓整改，防患于未然。

第三节 电气伤害事故警示录

一、安全措施不全触电身亡

2003 年 5 月 31 日，某电厂检修人员进入电除尘器绝缘子室处理 3 号炉三电场阻尼电阻故障时，造成了触电死亡。

1. 事故经过

5 月 31 日 2 时 30 分，某电厂电除尘运行人员发现 3 号炉三电场二次电压降至零。四个电场的电除尘器当一个电场退出运行时，除尘效率受到一定影响。由于在夜间，便安排一名夜间检修值班人员处理该缺陷。在检修人员进入电除尘器绝缘子室处理 3 号炉三电场阻尼电阻故障时，由于仅将三电场停电，造成了检修人员触电，经抢救无效死亡。

2. 事故原因

（1）运行人员停电操作存在严重的随意性，且仅将故障的三电场停电，安全措施不全面。

（2）检修人员违反《电业安全工作规程》的规定，在没有监护的情况下单人在带电场所作业，且安全措施不全，造成触电。

（3）运行班长在检修人员触电后，应急处理和救援不当。不是立即对所有电场停电救人，而是打电话逐级汇报，延误了抢救时间。

3．防范措施

（1）紧急缺陷处理时，必须待安全措施完成后检修人员方可进行作业，并执行监护制度。

（2）对工作场所存在可能发生的触电危险情况，事前开展危险点分析。

（3）对职工加强应急处理和救援的教育。事故发生后，应立即采取措施救人，再向上级汇报。

二、擅自解除闭锁、带电合接地刀闸

2002 年 12 月 10 日 15 时 18 分，某发电厂在 112—4 刀闸准备做合拉试验中，运行操作人员不认真核对设备名称、编号和位置，走错位置，又未经许可擅自解除闭锁，造成一起带电合接地刀闸的恶性误操作事故。

1．事故经过

112—4 刀闸消缺工作应该在 112 开关检修工作结束（工作票全部终结），并将 112 系统内地线全部拆除后，重新办理工作票。在 112—4 刀闸准备做合拉试验中，运行操作人员不认真核对设备名称、编号和位置，错误地走到 112—7 接地刀闸位置，不经值长许可，擅自解除闭锁，将 112—7 接地刀闸合入，造成带电合接地刀闸的恶性误操作事故。

2. 原因分析

安全生产疏于管理，习惯性违章长期得不到有效制止。在本次操作中，操作人、监护人不认真核对设备的名称、编号和位置，在执行拉开112-2-7接地刀闸的操作中，错误走到了与112-2-7接地刀闸在同一架构上的112-7接地刀闸位置，将在分闸位置的112-7接地刀闸错误合入，是事故发生的直接原因。

（1）电磁锁是防止电气误操作的重要设备，管理人员和各级领导对电磁锁的管理长期地不重视。

（2）电磁锁发生缺陷，运行人员不填写缺陷通知单。管理人员和各级领导对电磁锁的运行状况无人检查，对缺陷情况不掌握，致使电磁锁缺陷长期存在。

（3）电磁锁及其解锁钥匙的管理不完善,存在漏洞。按照规定，电磁锁解锁操作需经当值值长批准。但在本次操作中，在值长不在场的情况下，电气运行班长没有执行规定，未经值长批准，未填写《解除闭锁申请单》，致使操作人在盲目操作情况下强行解除闭锁合上了112—7接地刀闸。

（4）操作监护制流于形式，监护人未起到监护的作用。操作中，监护人、操作人走错位置，操作人执行拉开接地刀闸操作时变成了合闸操作，监护人未能及时发现错误，以致铸成大错。

（5）值长缺乏电网观念，没有站在保电网安全的高度来指挥全厂生产工作。

3. 防范措施

（1）加强安全生产管理，建立严格的考核奖惩制度，关键要加大对管理者的考核，以安全的工作条件来保障运行人员的生命安全，并督促其对安全生产及其设备的管理。值班负责人在工作安排时要交代清此项工作的安全注意事项。在时间许可的情况下，要填制操作票，按票执行，做到按章办事。

（2）设备缺陷利用 MIS 网络进行闭环管理，对电磁锁等设备缺陷的处理严格按时考核，提高设备的健康水平。编制、实施与落实电气防误闭锁管理制度，从技术、制度等源头上实行事前防范。

（3）加强职工的安全教育和业务技能的学习，提高安全责任感，严格执行电气倒闸操作票制度，落实安全生产责任制，定期举办机械闭锁和电气闭锁专业知识讲座。

（4）值长、班长是值班现场的安全生产第一责任人，要树立全局观念，安全生产工作要全面考虑，严细认真地安排操作，建立安全生产互保机制。

（5）加强运行倒闸危险点分析与预控管理工作，危险点的分析要具体、有针对性，防范措施要具有可操作性。

（6）值长要有电网观念，站在保电网安全的高度来指挥全厂生产工作。各级管理工作者都要加强管理责任感。提高对安全生产的认识，严肃执行各项规章制度，及时向大家宣讲上级部门有关安全生产的规定、制度、事故通报，并将精神实质贯彻到具体工作中。

三、业务不熟违规作业

1. 事故概况

2001 年 5 月 24 日 9 时 50 分，辽宁省某石化厂总变电所所长刘某，在高压配电间看到 2 号进线主受柜里面有灰尘，于是就找来一把笤帚打扫，造成 10 kV 高压电触电事故。经现场的检修人员紧急抢救苏醒后，送往市区医院。经医生观察诊断，右手腕内侧和手背、右肩胛外侧（电流放电点）三度烧伤，烧伤面积为 3%。

2．事故经过

5月24日8时40分，变电所所长刘某安排值班电工宁某、杜某修理直流控制屏指示灯，宁某、杜某在换指示灯灯泡时发现直流接线端子排熔断器熔断。这时车间主管电气的副主任于某也来到变电所，并和值班电工一起查找熔断器故障原因。当宁某和于某检查到高压配电间后，发现2号主受柜直流控制线路部分损坏，造成熔断器熔断，直接影响了直流系统的正常运行。接着宁某和于某就开始检修损坏线路。不一会儿，他们听到有轻微的电焊机似的响声。当宁某站起来抬头看时，在2号进线主受柜前站着刘某，背朝外，主受柜门敞开，他判断是刘某触电了。宁某当机立断，一把揪住刘某的工作服后襟，使劲往外一拉，将他拉倒在主受柜前地面的绝缘胶板上，接着用耳朵贴在他胸前，没有听到心脏的跳动声，宁某马上做人工呼吸。这时于某已跑出门，去找救护车和卫生所大夫。经过十几分钟的现场抢救，刘某的心脏恢复了跳动，神志很快清醒了。这时，闻讯赶来的职工把刘某抬上了车，送到市区医院救治。

后经了解得知，刘某在宁某和于某检修直流线路时，他看到2号进线主受柜里有少许灰尘，就到值班室拿来了笤帚（用高粱穗做的），他右手拿着笤帚，当笤帚接近断路器下部时就发生了触电，不由自主地使右肩胛外侧靠在柜子上。

3．事故原因分析

（1）刘某违章操作。刘某对高压设备检修的规章制度是清楚的，他本应当带头遵守这些规章制度，遵守电器安全作业的有关规定，但是，刘某在没有办理任何作业票证和采取安全技术措施的情况下，擅自进入高压间打扫高压设备卫生，这是严重的违章操作，也是造成这次触电事故的直接原因。刘某是事故的直接责任者。

（2）刘某对业务不熟。1992 年，工厂竣工时，设计的双路电源只施工了 1 号电源，2 号电源的输电线路没架设，但是，总变电所却是按双路电源设计施工的。这样，2 号电源所带的设备全由 1 号电源通过 1 号电源联络柜供电到 2 号电源联络柜，再供到其他设备上，其中有 1 条线从 2 号计量柜后边连到 2 号主受柜内断路器的下部。竣工投产以来，2 号电源的电压互感器、主受柜、计量柜，一直未用，其高压闸刀开关、断路器全部打开，从未合过。刘某担任变电所所长工作已经两年多，由于他本人没有认真钻研变电所技术业务，对本应熟练掌握的配电线路没有全面了解掌握（在总变电所的墙上有配电模拟盘，上面反映出触电部位带电），反而被表面现象所迷惑，因此，把本来有电的 2 号进线主受柜断路器下部误认为没有电，所以敢于大胆地、无所顾忌地去打扫灰尘。业务不熟是造成这次事故的主要原因。

（3）缺乏安全意识和自我保护意识。5 月 21 日，总变电所已经按计划停电一天进行了大修，总变电所一切检修工作都已完成。时过 3 日，他又去高压设备搞卫生。按规定，要打扫，也要办理相关的票证、采取了安全措施后才可以施工检修。他全然不想这些，更不去想自己的行为将带来什么样的后果，不把自身的行为和安全联系起来考虑，足见缺乏安全意识和自我保护意识。

（4）车间和有关部门的领导，特别是车间主管领导和电气主管部门的有关人员，由于工作不够深入，缺乏严格的管理和必要的考核，对职工技术业务水平了解不够全面，对职工进行技术业务的培训学习和具体的工作指导不够，是造成这起事故的重要原因。

4. 事故防范措施

（1）全厂职工认真对待这次事故，认真分析事故原因，从中吸取深刻教训。开展一次有关安全生产法律法规的教育，提高职工学习和执行操作规程安全规程的自觉性，杜绝违章行为，保证安全生产。

（2）在全厂开展一次电气安全大检查。特别是在电气管理、电气设施、电气设备等方面，认真查找隐患，并及时整改，杜绝此类触电事故重复发生。

（3）加强职工队伍建设，确实把懂业务、会管理、素质高的职工提拔到负责岗位上来，带动和影响其他职工，使职工队伍的整体素质不断提高，保证生产安全。

（4）要进一步落实安全生产责任制，做到各级管理人员和职工安全责任明确落实，切实做到从上至下认真管理，从下至上认真负责，人人都有高度的政治责任心和工作事业心，保证安全生产的顺利进行。

第五节 中毒伤害事故警示录

一、二氧化硫中毒事故

1. 事故经过

某年 11 月 5 日，某工厂因硫酸生产不正常，经分析认为系统有堵塞，讨论决定停车检修。上午 8 时，分厂副厂长在班前会上布置工作，由硫酸工段长蔡某负责组织干燥塔内分酸管堵漏工作（此前已于 4 日下午 3 时开始，对干燥塔用水进行不间断喷淋冲洗）。会后，蔡某安排副工段长刘某带操作工彭某做好各项准备工作，准备进干燥塔内堵漏。9 时许，分厂安全员通知总厂安环科分管安全员和监测站人员到现场办理《高处作业票》《罐内安全作业票》等手续作取样分析，约 9 时 30 分办理好各种安全作业手续。

10 时，冲洗停止，蔡某、刘某、彭某拿着堵漏工具、安全帽、防酸雨衣、安全带和一具过滤式防毒面具（配 7 号滤毒罐），爬上干燥塔后，由刘某从人孔进入塔内堵漏，彭某在塔外平台上协助并监护。工段长蔡某也在塔上监护。工作中，因安全帽前端带子丢失，刘某不慎将安全帽掉落到塔内分酸管的下一层（离人孔高度约 1.2 m），徒手难于捡取。约 10 时 30 分左右，堵漏工作完毕，刘某出塔休息。

此时，因焙烧炉温已降至 560℃以下，焙烧炉工把蔡某叫到焙烧岗位，要求空烧升温。蔡叫炉工做了准备，并问刘某、彭某二人（空间对话）搞好了吗？刘答："搞好了。"11 时 45 分左右，蔡某指挥炉工启动风机，空烧升温。

11 时左右，仍在干燥平台上休息的刘某再次穿上雨衣，戴上防毒面具爬进人孔，彭某用小钢筋弯了一个小钩递给刘某勾取安全帽。彭某抓住人孔内壁，感到气味很重，呛了一口，立即意识到情况不对，赶紧呼叫"刘某"，没有听回声，同时隐约听到一声倒地的声音，彭某试图冲进塔内救人，但因 SO_2 气味很重，无法呼吸，只好向塔下其他人员呼救。待氧气呼吸器送到，分厂安全员配戴好后进塔将刘某背出，立即在现场对刘某开展口对口人工呼吸和胸外心脏按压抢救，并使用强心和呼吸兴奋剂等，但终因毒物浓度过高，中毒时间长，抢救无效死亡。

2. 事故原因分析

（1）违章指挥，违章操作。焙烧炉空烧时，大量 SO_2 有毒气体进入干燥塔内，使原作业环境完全改变。指挥者在人员尚未撤离检修现场、有害气体不能严密隔绝的情况下，同意并指挥空烧；操作者也在明知已开始空烧的情况下，未重新办理任何手续，再次进入干燥塔内勾取安全帽，冒险交叉作业，导致急性 SO_2 中毒窒息。

（2）组织不严密，安全管理不到位。分厂领导把此次检修只看成一般日常小项目检修来处理，除在晨会上布置工作外，无详细的全面计划，未指定项目检修总指挥和安全负责人，入塔检修与空烧交叉进行。安全意识淡薄，组织协调不力，是造成事故发生的主要原因。

（3）隔离不严密。检修前由于未按规定加装盲板与焙烧炉安全隔绝，而只是用插板隔离。致 SO_2 气体从缝隙泄漏入干燥塔内，也是造成事故的主要原因之一。

（4）防护不当。据事故发生后采样分析，干燥塔内 SO_2 含量达 13 000 mg/m^3，远远超出了过滤式防毒面具的适用范围，起不到安全防护作用；同时，安全帽平时保管不善，前绳带丢失，造成工作中安全帽掉落，为事故的发生留下了隐患。

3. 值得吸取的教训

SO_2 属于酸氧化物，是具有强烈的特殊臭味的刺激性气体。在硫酸生产、检修过程中，发生急性 SO_2 中毒死亡事故在国内报道中尚属罕见。

（1）安全意识淡薄，习惯性违章指挥、违章作业。从事故分析中可以看出，本次干燥塔检修属违章作业。在焙烧炉未熄炉（压火保温）的情况下，未使用盲板进行安全隔绝、仅以插板代替；指挥者在检修人员未撤离现场，违章指挥交叉作业，致 SO_2 气体从缝隙中泄漏入干燥塔内。而操作者在明知已开始空烧、塔内作业环境改变的情况下，未按规定要求重新进行安全分析，仅凭经验和麻痹心理冒险蛮干（据彭某事后证实，他们当时认为勾取安全帽仅需 1 ～ 2 min），再次进入干燥塔内勾取安全帽，导致了事故的发生。我们应从本次事故中吸取教训，从严强化安全监督检查工作，对化工检修应开展危险预测活动。通过识别危险物质、危险能量、危险环境、危险行为等在工作中容易发生意外的因素，提前采取有效对策，使预防工作从“出发型”向“发现型”转变，真正做到防患于未然。

（2）安全卫生防护知识匮乏，防护器材使用不当。据事故发生后采样分析，干燥塔内 SO_2 含量高达 13 000 mg/m^3，超过车间空气中 SO_2 的最高容许浓度（15 mg/m^3 的 886 倍）；在如此高浓度的环境中，过滤式防毒面具已根本无法起到防护作用，故刘某第二次进塔后，立即发生猝死。这说明应加强职工安全卫生防护知识和劳动防护器材的选择、使用方法等方面的专业教育，避免防护不当造成的事故。平时还应加强劳动保护用品、器材的检查，杜绝安全器材中的不安全因素。

（3）加大安全投入，配备必要的安全防护器材。为认真吸取血的教训,应配置氧气呼吸器和长管式呼吸器。同时,还应加强《化学事故应急救援预案》的演练，以备一旦发生事故时能迅速按《预案》开展救援工作。

二、硫化氢中毒事故

1．事故经过

2002 年 8 月 27 日 17 时 10 分许，在某石化分公司北围墙外西固区环行东路，位于某石化分公司动力厂污水处理车间大门处东西长约 400 m 的范围，有行人和司机出现中毒，共导致沿线过往的 15 辆机动车的驾乘人员和行人共 50 人相继中毒。路过此路段的某石化分公司供销公司司机等人立即向 110、120 报警。17 时 15 分许，职工医院救护车先后赶到现场，迅速展开救治，随即将受伤人员送往医院。受伤人员中有 32 人被送往职工医院抢救，有

8 人被送往另一职工医院抢救，其余中毒人员被地方急救中心送往地方医院进行抢救。其中 4 人送到医院时已经死亡；4 人伤势较重，其中一人在 9 月 1 日经抢救无效死亡；直接经济损失 200 万元。

2. 事故原因

该石化分公司炼油厂烷基化装置为了做好旧烷基化装置的拆除工作，装置逐步在进行处理，经检查废酸沉降罐（以下简称容—7）内约剩 30 t 反应产物，因抽出线已拆除，无法回抽处理，由车间向分厂打出报告，申请分厂联系收油单位将报废反应产物进行回收。

在办妥废油回收申请手续后，2002 年 8 月 27 日 15 时左右，烷基化车间主任带领车间管理工程师、安全员，协助三联公司污油回收队装车。由于从“容—7”罐顶人孔处用蒸汽往复泵抽油泵不上量，三人商量后从“容—7”底部抽油，并决定检查“容—7”底部放空管线是否畅通。在管线试通过程中，利用地下风压罐的顶部放空线将“容—7”中的部分酸性废油排入含硫污水系统，其中地下风压罐排空线到含硫污水井的管线上的阀门开启了两扣，排放时间约为 10 ～ 15 min。

根据《某石化公司固体废弃物管理规定》《某石化公司污水管理规定》及《烷基化装置操作规程》的要求，废酸渣不应排入含硫污水系统，应送出装置综合利用或拉运到工业渣场进行填埋处理。由于旧烷基化装置已闲置 4 年，原回收系统管线和设备已腐蚀或拆除，无法按原流程把罐内废硫酸送往废酸罐，然后送出装置，拉运到工业渣场进行填埋。因此，现场人员决定从“容—7”底部抽出线试通管线，利用原地下废酸风压罐的顶部空气排空线（该地下废酸风压罐的顶部排空线在原生产流程中用于放空地下罐中的气体，且设置U形管道对放空气体进行除液）将废酸液直接排入下水井，此下水井和含硫污水系统相通，导致废酸油汇入含硫污水系统干线。

酸液通过管道经过几十米的距离进入含硫污水管线，与含硫污水混合，硫酸与硫化钠反应产生硫化氢气体。随着反应的进行，气体量增加，充满管道内部空间后，气体膨胀产生一定的压力，硫化氢气体在管道中随污水运移，经过800 m左右的距离到达污水处理场外的观察井，由于压力的存在，硫化氢气体通过观察井口排出。

通过观察井口排到地面的硫化氢，由于排放口高度较低（高2.45 m），且观察井附近三面是墙（高2.22 m），一面通向西固环行东路，在当时风速很小（0.7 m/s，风向东南偏东）的情况下，比空气重的硫化氢从观察井口排出后大部分沉降到地面积聚，并向无遮挡的南面道路扩散。事故发生时，行驶于污水处理场外道路上的车辆，恰遇观察井瞬间排放的高浓度硫化氢，车厢内兜进高浓度的硫化氢，并聚积，使车内人员较长时间地接触硫化氢，导致了车内人员的中毒。在硫化氢浓度达到760 mg/m^3以上时，导致车辆内人员重度中毒，接触时间达到一定限度或抢救不及时则可能导致死亡。由于汽车驶过，沿着汽车行驶方向产生负压，带动空气沿汽车行驶方向流动，导致泄漏排放的硫化氢气体随气流流动，在公路上形成带状分布，故发生事故区域呈带状分布。

经过对以上情况的分析，认定造成本次事故的直接原因是由于旧烷基化装置通过气体放空管线向含硫污水系统排放高浓度废酸，与含硫污水中的硫化物反应产生硫化氢气体，通过观察井排放，由于沿地面扩散到公路上时浓度较高，造成过往汽车内的人和路上行人的中毒、死亡。

造成本次事故的间接原因是西固环行东路边的观察井未封闭。

造成本次事故的管理原因是对职工的安全教育和培训不够；安全管理不到位，在非正常作业时没有制定风险评价、削减措施，不能及时纠正生产中的违章行为。

3．事故教训

这起事故的发生，反映出公司各级员工，特别是部分领导干部没有真正将“安全第一”的思想深入脑海，安全生产责任制没有得到有效的落实，遵章守纪还没有成为广大员工的自觉行为。同时，对安全生产工作重视程度不够，标准不高，工作不细，管理不严。事故教训极为深刻。

（1）安全防范意识差，贪图便捷盲目操作。炼油厂烷基化车间主任张某等人在对废酸沉降槽进行工艺处理时，操作人员对含酸废油排入含硫污水系统会产生硫化氢的认识不清，安全防范意识差，业务技能不过关，没有掌握最基本的应知应会，可谓不知不会，无知无畏，对作业过程中的危害性认识不够，后果估计不足，贪图便捷，鲁莽行事，盲目操作，员工没有具备保证安全生产的基本技能，在试通管线过程中，将含酸废油直接排入含硫污水管线，导致了事故的发生。

（2）制度执行不力，“三违”行为屡禁不止。《某石化公司固体废弃物管理规定》《某石化公司污水管理规定》及《烷基化装置操作规程》都明确规定，废酸渣不允许排入含硫污水系统，应送出装置综合利用或拉运到工业渣场进行填埋处理。规章制度都源于生产实践、源于事故教训，是用鲜血写成的。不遵守制度，不按科学规律办事，就一定要付出沉重的代价。烷基化车间主任张某，作为车间第一安全负责人，无视公司制度和规定，有章不循，违章指挥操作人员将含废酸油排入含硫污水系统，导致了事故的发生。从中也暴露出公司基层安全管理基础薄弱，“三违”现象普遍存在，安全管理制度执行层层弱化，执行力差的问题。

（3）安全监督不到位，不能有效扼制违章。安全员作为车间现场安全监督人员，对车间主任的违章指挥、操作人员的违章作业视而不见，没有认真履行安全监督职责，没有对违章现象进行及时的制止和纠正，而是接受了违章指挥，也成为违章作业者。暴露出公司安全监督体系没有完全发挥作用，对安全监督人员的选拔考核不严，安全监督人员素质低，责任心不强，业务不精，造成安全监督人员没有能力发现和纠正违章现象。

（4）生产管理不到位，安全措施不能有效落实。车间主任协助施工单位进行污油回收时，在蒸汽往复泵抽油不上量，无法按原方案进行污油回收操作的情况下，既没有对现场作业风险进行认真辨识，也没有履行必要的审批手续，就现场变更工艺处理方案，并组织操作人员实施，这说明公司在生产管理上存在方案执行不严，落实不够的问题。同时，公司生产运行处作为废油回收工作的审批单位，没有按照“谁主管，谁负责”的原则，对含酸废油回收处理过程中的安全措施提出明确的要求，对装置处理现场只进行了简单的现场检查后，就批准了酸性废油回收申请。说明公司管理方式粗放，管理上存在漏洞，部分领导干部“安全第一”的思想还没有入心入脑，在安全管理措施上还存在重视不足，落实不到位的现象。

（5）变更管理不到位，不能有效规避风险。在进行污油回收前，车间编制了处理方案，对存在风险进行辨识，并制定了相应的防范措施。但在作业执行过程中，在蒸汽泵不上量的情况下，改变了处理方案，决定从废酸沉降槽“容—7”底部抽油，如果在作业前分析出变更方案存在的风险，对变更可能导致的风险制定有效控制措施，就可完全避免事故的发生。从中反映出该公司在变更管理上还存在管理制度不完善，缺乏管理的问题。

（6）报废装置管理不善，为事故发生埋下隐患。报废装置在停车后应该进行彻底工艺处理，倒空物料，装置出、入界区物料管线加堵盲板。但旧烷基化装置于 1998 年长期停车后，没有及时对停车后的装置进行彻底的工艺处理，致使废酸沉降槽“容—7”内残存反应物未及时处理。同时，调查发现装置停车后，在装置前期拆除过程中，没有进行风险辨识，制定的拆除方案不严密，导致正常的倒料流程被提前拆除，致使槽内含酸废油无法按照正常流程回抽处理。这反映出公司在报废装置管理上存在严重的问题。

（7）隐患治理力度不够，无法确保本质安全。含硫污水硫化氢吸收塔由于设计原因，经常出现碱结晶，系统运行受到较大影响，硫化氢吸收效果较差；同时含硫污水系统观察井没有及时进行封闭。含硫污水系统的清污分流工作由于受到技术上的限制，一直未能实施。另外，随着周边地区的发展，公司生产装置被周围村庄、道路包围，城市道路和周边居民与公司生产装置的安全防护间距严重不符合国家规范的要求，这为事故的进一步扩大留下了隐患。从中反映出公司对安全环保隐患治理的认识不足，治理的力度不大，也暴露出该公司对周边环境没有引起足够的重视的问题。

（8）公司管理存在问题，安全责任制没有落实。事故的发生，暴露出公司在安全管理上存在隐患，在员工培训、隐患治理、制度执行等方面还存在不到位的现象，各级领导的安全生产责任制没有真正落到实处，“安全第一”的思想还没有深入脑海，对安全工作的责任感、危机感不够，工作作风不够扎实，导致各级领导在抓安全管理上标准不高，工作不细，要求不严。有些领导对安全工作还停留在一般性的开会布置、下发文件上，没有将安全工作真正落实到基层。

第四章

员工安全为生产 行为规范保安全

第一节　企事业单位通用安全行为规范

一、安全行为规范总体要求

为落实“安全第一、预防为主、综合治理”的方针，加强安全生产管理，提高员工及所有作业人员的安全意识及安全文化素质，规范安全生产行为，消除各种违章违纪现象及事故隐患，杜绝各类事故的发生，保障员工及所有作业人员的人身安全与健康，促进企业的生产与发展，企业应执行本行为规范。

二、行为规范实施细则

（1）凡从事生产作业及相关辅助、管理工作的人员，都必须自觉接受三级安全教育，认真学习，执行党和国家、上级单位、各级主管部门及本单位颁发的各项安全生产方针政策、法规和制度，不断增强安全意识，增长安全技术知识，提高自我保护的能力，实现“三不伤害”要求，保证每个人员的安全健康及生产的顺利进行。

（2）所有作业人员必须时刻保持“安全第一”的思想，严格遵守安全生产责任制和各项安全操作规程，严禁违章指挥、违章作业。

（3）进入生产区域作业，必须严格遵守劳动防护用品穿戴规定，并按规定正确穿戴劳动防护用品，做好自我保护，如女工长发和刘海儿不得露出防护帽，割、焊工，机加工不得戴纱手套作业；电工、焊工、机加工等作业人员进入岗位严禁佩戴各种金属饰品及非金属挂件；在公司区域内不准赤脚、赤膊，进入生产现场不准穿凉鞋、拖鞋、高跟鞋、裙子等。

（4）作业前，首先须清点自己所带的工具、设备数量并确保完好；作业时，应集中思想，严禁嬉戏打闹和串岗、离岗、睡岗；作业结束，要做到工完料清场地净，并仔细清点个人工具设备用品是否按数收回，严防遗落在产品关键要害部位。

（5）必须注意识别单位区域内各种安全标志。

（6）从事特种作业人员，必须经安全技术培训考核合格，持有《特种作业操作证》才能独立操作。未经培训考核合格的人员须在有证人员带领下工作，并持有单位安环保卫部颁发的《实习操作证》，严禁违章无证操作。

（7）任何人不准触弄与本工种、本岗位工作无关的开关按钮，不得擅自动用与本职无关的机电设备和专用器材。停电、停车进行拆修设备时，必须在合闸处、操作处挂贴禁动标志，必要时应派专人监管；检修完毕，应立即解除禁动标志。公司动力站房、要害部门岗位人员必须持有安环保卫部和人力资源部颁发的上岗证件，严禁非岗位人员、无证人员擅自进入要害部门、动力站房。

（8）单位区域内主要道路、生产区域通道必须保持畅通，严禁擅自占用；机动车与自行车都必须靠右行驶，行人尽量靠右行走或走人行道；自行车不准载人、不准在车间内穿行，进出公司大门必须下车推行；机动车、自行车必须统一整齐地停放在规定的地方。

（9）作业区内行走，必须看清上下左右环境，遵守标牌提示，注意声光警戒信号；不准双手插入衣裤袋；登高必须双手扶梯攀登，所带物品必须紧扎牢固，防止脱落伤人；上下船只必须走浮桥或由专人架设的跳板（跳板下应挂好安全网），严禁跳越。

（10）明火作业严格遵守“明火十不烧”的规定。严禁用割炬、焊炬等生产作业工具照明、取暖。严禁用氧气作通风、降温或身体吹尘。不准在非指定地点吸烟，严禁乱扔烟蒂。

（11）起重作业必须遵守“起重十不吊”的规定，不得在吊运物体下站立、行走。指挥人员必须佩戴明显标志。钢丝索具严禁在糙物、锐物上拖拽、摩擦、敲砸。

（12）两人以上多人协同操作，必须由班组长指定有操作经验的专人负责，统一指挥。

（13）任何人不准擅自拆除各种设备的安全防护装置和应急设施。因生产临时需要拆卸移位时，现场必须有专人监护或设置警示标志，作业完毕后，拆卸人应立即将其恢复原样。

（14）在狭小舱室及容器内工作时必须加强通风，并实行双人监护制，防止窒息、中暑、触电等事故的发生。非作业时间严禁将带有易燃助燃和 CO_2 气体气源的工具气管搁置在舱室内。严禁用带压的动能风管口对人。

（15）所有生产人员上岗作业前和上班时间严禁喝酒。

（16）严禁在船坞内、码头边的水中游泳或擅自捕捞。严禁向水域及阴沟下水道中倾倒垃圾、废油、污染物。严禁在厂区内（包括作业区）、产品上随地大小便、随意倾倒污染物。冬季严禁用电灯泡、电炉取暖。因生产或工作需要使用明火炉、电加热器的，必须经安全部门许可。

（17）严禁用汽油、柴油、香蕉水等油类及易燃易爆物品引火。

（18）如遇发生重大事故或险肇事故，在场人员要及时报警、保护现场、组织抢救，并立即向领导及安全部门报告。

（19）任何人员都有责任对违反安全规范、安全操作规程的行为及时加以制止，发现事故隐患、事故苗子必须立即向有关领导报告。

（20）任何人未经办公室批准不得擅自带领外来人员在作业现场参观；经批准并带领参观的人员，必须负责检查落实对参观者的安全穿戴要求，告知安全保护要则，并对其安全负责。

安全妙语“谨”上添花：

单位制度规范化　严格遵守不违纪
言行禁止有分寸　各种规定保安全

第二节　员工安全行为标准

一、员工安全生产行为标准通则

（1）上岗前，应按照操作要求和本工种规定穿戴好劳动防护用品。所用劳动防护用品损坏、失效及时按公司规定程序申领。

（2）进入现场要注意现场标识、提示信号等各种安全警示，要服从现场安全规定和指挥，不得跨越运转设备，不得擅自进入明令禁止入内的危险区域，不得指使他人违反《安全操作规程》和《作业标准》进行操作，不得动用他人设备。

（3）工作前应确认工作环境与现场是否整洁有序，路面、楼梯、走廊是否平整，有无油污、积水、积雪和积冰。确认工作环境有充足的采光，栏杆完整，井盖齐全。

（4）上岗前应充分了解作业内容，检查现场作业中有无造成触电、着火、爆炸、坠落、中毒、中暑、烫伤、烧伤等不安全因素，是否采取有效的防范措施，确认后方可上岗作业。

（5）非本岗位人员不准乱动电气、机械设备、氧气、乙炔等各类阀门开关。

（6）严禁在禁烟区内吸烟。班前、班中不准饮酒，班中不准串岗、打逗。不准将与工作无关的人员或物品带入作业现场。

（7）不得在厂区和办公场所焚烧杂物。

（8）员工应熟悉火灾应急预案，发生火灾时应尽可能切断电源，拨打火警电话“119”。扑救初起火灾，要选用正确的消防器材并站在上风侧。日常准备毛巾等必备的防火逃生工具，火势无法控制时要及时撤离。

（9）员工在进行带压清扫堵塞的管道时,出口法兰处禁止站人。

（10）切割或拆除管道、钢结构架等重物时，应站在可靠固定的一侧。可能坠落或切割可能弹动的一侧应用绳子或链式起重机牵引、缓慢落地。

（11）用人力垂直或倾斜地拉动物体应有防止突然坠落、断落、脱落的措施。

（12）使用大锤时，禁止戴手套和对面打锤。

（13）堆放物品时应由低往高堆放，形成梯形，底脚卡牢，下大上小；平面物品要压缝堆放，取出物品时应自上而下，禁止从中间抽取。

（14）拆除工作前应有安全预案，并做到自上而下逐步确认，预防倒塌，时刻注意自己和他人的安全。

（15）工作场所内不准坐、靠栏杆休息，上下楼梯必须手扶栏杆。严禁翻越平台、窗台、门梁、护栏等。

（16）徒手搬运重物（尤其楼梯处）要注意搬运的适当姿势和施力，持稳后再慢慢垂直起身，防止造成身体的扭伤或拉伤，或重物掉落造成压伤，注意周围环境状况，保持警觉。

（17）在过道、室内、洗手间等湿滑地面行走要注意慢行，防止滑倒摔伤。

（18）打热水时，必须先将热水瓶口对准热水龙头口再打开龙头，水满时及时关闭龙头。提水上楼，要提稳走实并使热水瓶与

身体保持一定安全距离，以防热水瓶爆裂造成烫伤。定期检查热水瓶支胆托和提把的安全可靠程度，不合格就及时更换。

（19）接待活动中要给来访者以适当的安全提示、提供必要的防护用品，并安排熟悉现场的人员专人陪同和监护。

（20）安全生产“十不准”：

1）不准违章操作、违章指挥。

2）不准班前、班中饮酒。

3）不准脱岗、睡岗。

4）不准开超速车。

5）不准随意进入要害部位。

6）不准擅自开动各种开关、阀门和设备。

7）不准穿戴不规范防护用品上岗。

8）不准在起吊物下行走或逗留。

9）不准在厂房内奔跑。

10）不准在厂内燃放烟花爆竹。

安全妙语“谨”上添花：

标准守则要记清　　各种规章心中记
要求自己不放松　　规范言行好员工

二、防止机械伤害

（1）工作前认真检查工具是否安全可靠，不使用不合格工具。工作结束后工具应放在规定的位置。

（2）开动设备前，必须与相关及周围人员联系（鸣铃示警等），做好现场确认，无误后方可开动。

（3）不开动防护设施短缺或失效的设备。

（4）检修、清扫、调整、润滑机械设备时，应停机、拉闸挂牌。必须在运行中调整的，要设专人监护，并有防止人体与运动部位接触的措施。

（5）设备检修、清理后，应恢复安全防护设施，并保证齐全有效。

（6）发现安全故障或隐患时，应采取相应防护措施，并报告有关领导，及时整改。

（7）检修中拆除了安全栏杆、围墙等安全设施后，必须以临时措施代替，检修后按原设计修复或恢复。

（8）对运转设备或车辆检修后，应由检修人员、操作人员共同认可，由操作人员试车。

（9）员工严禁跨越皮带，托辊，机电的、旋转的机械设备，禁止隔机传递工具，上、下传递工具时不许掷、抛。

（10）对设备的转动部位加油时，须使用长嘴加油器。

三、防止起重伤害

（1）天车（吊车）司机必须认真执行“十不吊”。

（2）吊装物品时，必须有防倾倒措施，坠落半径内不准有人。

（3）严禁超负荷使用各类起重设备和工具。

（4）进行起重作业前，应检查所有的工具是否存有缺陷。

（5）起重支点、吊点、固定点必须确认牢靠。

（6）吊车在坑、沟边沿及架空线下作业，应保持足够的安全距离。

（7）配合吊车作业的人员不得站在吊臂下及旋转范围内。

（8）吊有尖锐棱角物体时,要在钢丝绳与物体棱角间加保护垫,防止因重物尖锐棱角对钢丝绳产生折损而造成绳断，物体坠落伤人。

（9）多人进行起重作业时，必须由一人统一指挥，指挥手势、信号要明确。

（10）吊物不准从人体或重要设备上经过，物体吊运过程中不得拖拉碰撞，吊物上不准站人。

（11）检修天车时，必须停电、挂牌，必要时地面设警戒线，并指派专人监护。

（12）天车对汽车进行装卸货物时，汽车司机禁止待在驾驶室内。在装卸过程中，天车起吊或落吊时汽车上禁止有人。

（13）上下天车、龙门吊等起重设备时，要与司机联系好，待车停稳后，再上、下车。

（14）天车工“十不吊”规定：

1）超负荷不吊。

2）斜拉歪拽不吊。

3）吊物上站人不吊。

4）物体埋在地下不吊。

5）重量不清不吊。

6）易燃易爆物品不吊。

7）安全装置不灵不吊。

8）捆绑不实、物体不在中心不吊。

9）信号不清不吊。

10）无人指挥或违章指挥不吊。

安全妙语"谨"上添花：

起重吊装要注意　　头顶穿行须避免
安全距离保持好　　检修设置警戒线

四、防止触电伤害

（1）非电气专业人员不得进行电气安装与维修，不得擅自接电源。

（2）电气专业人员在安装、维护、检修电气设备后，不得留有隐患。

（3）严禁使用未经检测合格的绝缘工器具。

（4）移动电器电源线不准拖拉，电源接长线只允许有一个接头，并不准裸露金属线。

（5）手持电动工具、移动式电气设备，必须执行"一机一闸一保护"制度，并定期校验，确保灵敏可靠。

（6）对电风扇、电焊机等可移动式电气设备，在移动时应做到先拉闸、后移动。

（7）任何人未经许可，不得私自拆除电气连锁装置、防护装置、信号装置。

（8）擦拭清理电气设备时应先停电，不准用水冲，不准用酸、碱水擦洗。

（9）电焊机的一次线（电源线）长度一般不得超过 5 m。

（10）使用的明电线（滑触线）高度不宜小于 3.5 m，如低于 3.5 m 的明电线应有安全网罩，并设置明显的安全标志或信号指示灯。

（11）严禁在室外雨天使用电钻、手砂轮、手电锯等电动工具。使用手灯时必须使用 36 V 以下的安全电压供电，在潮湿的环境作业应使用带绝缘柄的手灯。

（12）日常办公使用电器时插头与插座（插盘）应按规定正确接线，插座（插盘）的保护接地极在任何情况下都必须单独与保护线可靠连接，插座（插盘）应置于避免溅水位置。

严禁在插头（座）内将保护接地极与工作中性线连接在一起。在插拔插头时人体不得接触导电极，不应对电源线施加拉力。用电设备在暂停或停止使用、发生故障或遇突然停电时均应及时切断电源，必要时应采取相应技术措施。当电气装置的绝缘或外壳损坏，可能导致人体触及带电部分时，应立即停止使用，并及时修复或更换。

（13）办公室内的重要办公设备，如电脑、打印机、复印机、传真机、扫描仪要妥善保管使用，下班前应确保一切设备处于关闭状态。长时间不用电器时（如节假日）还须把插头拔下，以防开关失灵，长时间通电损坏电器，造成火灾。

（14）迅速脱离电源的方法：

1）发现有人触电时，应立即拉闸停电。距电闸较远时，可使用绝缘杆或干燥木柄斧子切断电源。

2）救护人员不得用手拉或用金属棒、潮湿物品救护，应使用绝缘器具使触电人员脱离电源。

3）在电容器或电缆线路中解救时，应切断电源进行放电后再去救护触电人员。

4）高压触电应在保证救护人员安全的情况下，因地制宜采用相应救护措施。

5）解救触电人员时，要做好防护，以免触电人员再受二次伤害。

安全妙语“谨”上添花：

电力事故危害大　一机一闸一保护
裸露线头要处理　安全运行防触电

五、防止压力容器伤害

（1）压力容器运行不准超过最高工作压力。

（2）安全附件不齐全或附件损坏，不准使用。

（3）不准随意调整、拆卸安全阀。

（4）应经常检查压力、温度、液位，发现不正常立即上报，采取有效措施。

（5）安全阀使用前必须经检验合格后，方可使用。

（6）压力容器应确保防腐层完好无损，安全装置齐全、灵敏，紧固件必须完整可靠，材料符合设计要求。

（7）上氧气表前应先打开总阀稍放一点气，吹净接口处的灰尘再上气表，气表旋入深度不得少于5扣，开气时不准气口对人。

（8）开氧气时，先开气瓶总开关再顶气表顶丝，防止气瓶冲天杆扭坏冲出伤人。关氧气时，先松气表顶丝，后关总阀。

（9）气瓶阀门不准一次开得过大，压力不足时再进行调整。

（10）气瓶的各种漆色须保持完好，不得涂改。

（11）气瓶应距离暖气和其他水暖设备 1 m 以外，夏季存放时避免暴晒；气瓶与明火的距离不得小于 10 m，乙炔、氧气瓶距离不得少于 5 m。

（12）瓶阀冻结时严禁用火烘烤，必要时用温水解冻。

（13）严禁用电磁吊和链绳吊装搬运。

（14）搬运气瓶时要轻装轻放，严禁抛、滑、敲击碰撞。

（15）乙炔瓶使用时要注意固定，防止倾倒，严禁卧放使用。严禁把气瓶同电气接地线相连。

（16）乙炔瓶严禁放在通风不良或有放射线的场所，且不得放在橡胶等绝缘体上。

（17）氧气瓶、乙炔瓶胶皮管不准有油污，严禁使用无防震圈、无安全帽和无校验钢印及无阻火器的氧气瓶和乙炔瓶。

（18）乙炔气瓶使用时必须装上专用减压器、回火防止器，开启时操作要轻、缓，身体应站在阀门的侧后方。

（19）瓶内气体严禁用尽，必须留有一定的剩余压力。

（20）气瓶在使用、运输和储存时，环境温度一般不能超过40℃，超过时应采取有效措施，而且不得同易燃易爆物品同车运输。

（21）储存间应有专人管理，并应有“危险”“严禁烟火”等标志。现场存放的气瓶不得超过5瓶。

（22）储存间与明火（含火花）的距离不得小于15 m。

（23）瓶上有裂纹或压伤、瓶嘴零件损坏、瓶嘴不合乎规定时禁止使用。

（24）高空作业时，乙炔瓶、氧气瓶必须离开作业区5 m。

六、防止中毒、窒息伤害

（1）煤气区域禁止停留、吸烟、烤火等。动火作业必须办理《动火证》，带煤气作业必须办理许可证。

（2）进入容器、储罐、槽、池、沟、坑、管道等内部作业检修时，必须采取可靠的安全防护措施，经检测确认无误后方可作业。作业现场设专人监护，并准备救护工具及联络信号。进入污水沟、井等作业时，必须检测确认无误后方可作业，并要有专人监护。

（3）冬季在工作区域内禁止使用明火取暖。

（4）通过煤气排水器时，应尽量远离设施通过，遇有煤气泄漏时，应服从现场专业人员指挥，或向上风头侧逃生。

（5）员工在可能接触到有毒气体、液体的设备内作业时，需设监护人；直接接触酸、碱时须戴胶质手套与防护眼镜。

七、防止高处坠落伤害

（1）在 2 m 以上（含 2 m）高处或临边（如屋顶、窗口、滴水檐等）作业时（含悬挂钟表、换电池、擦拭玻璃、登高清洁等），必须系好安全带。无法系安全带的作业必须采取可靠的安全措施。

（2）高处作业时首先应检查梯子（踩踏物）、安全带等工具是否牢靠完整。严禁使用不符合规定的工具。

（3）2 m 以下登高作业，踩踏物品要牢靠，不得用易碎、易折物品作为踩踏物。凡患有高空禁忌病症的人员，一律不能从事高处作业。

（4）高处作业时要设专人监护，必要时设警戒线，防止行人、车辆穿过。

（5）高处作业需传递工具时，应用带绳传递物料，不得上下抛掷。

（6）严禁直接在石棉瓦等易碎、易折的板材顶棚上作业或行走。如需在轻型顶棚内或顶棚上作业时，应铺设脚手板操作。

（7）不准在六级以上强风或大雨、雪、雾等恶劣天气下从事露天高处作业。

（8）高处作业中涉及垂直交叉作业时要采取安全确认办法，设专人监护或设置隔板。

（9）挖土方工作时，深度超过 1.5 m 要有防塌方措施。

（10）搭设的平台、脚手架不得超负荷使用。

八、防止车辆伤害

1. 行人须遵守的规定

（1）不准在车行道、桥梁、隧道或交通安全设施等处长时间逗留。

（2）不准穿越、攀登或跨越高速公路隔离设施。

（3）不准横过划有中心实线的车行道。

2. 乘车人须遵守的规定

（1）不准在机动车道上等候车辆。

（2）在车行道上不得从机动车左侧上、下车，开、关车门时，不准妨碍其他车辆和行人通行。

（3）驾驶机动车的人员无驾驶证或饮酒后应制止并拒乘。

（4）车辆在行驶中不准与驾驶员闲谈或妨碍驾驶员操作。

（5）不准向车外投掷物品。

（6）乘坐二轮摩托车只准坐在驾驶员身后的座位上，不准侧坐或倒坐。

（7）乘坐公交车辆、通勤班车，依次在站点候车，待车停稳后，方可按顺序上、下。

（8）不准在车辆行驶中开启车门、车厢。

（9）机动车发生故障或交通事故须在车行道停车时，除紧急救险外，乘车人须迅速离开车辆和车行道。

3．厂区行驶司机须遵守的规定

（1）司机负责监装监卸，确保装物符合规定，并做到运输途中不散落、掉物。

（2）检修自卸汽车时，必须在翻斗撑起时加保护支撑和垫木，防止翻斗下落伤人。

（3）厂内行驶车辆严禁超速、超长、超宽、超高、超重，不得人货混装。铲车、叉车、吊车不准违章带人。机动车必须按指定位置停放。

（4）倒车时要确认周围人员安全，指挥倒车人员要注意自我保护。

（5）司机行车要严格遵守有关安全交通法规、噪声控制法规及公司交通安全管理规定，发现违章及时制止和处理，加强车辆日常维护和保养，确保车辆符合安全要求。

九、防护用品、工具使用安全要求

1．脚扣、安全带（腰绳）

（1）脚扣、安全带（腰绳）使用前应检查是否结实可靠，有无开焊、断裂，铁环及钉头有无伤痕，皮带有无硬脆、开线现象。

（2）根据电杆的规格直径选用和调整脚扣，上杆时跨步应合适，脚扣不应相撞。

（3）使用安全带（腰绳）松紧要合适、系牢，结扣处应放在前侧的左右。

（4）腰绳直径不得小于 20 mm，不准有接头，使用时应系死扣。

（5）在杆上或高处作业时，安全带（腰绳）不得拴在杆尖、横担、瓷瓶、拉带或其他活动构架上。

2．梯子

（1）定期进行检查及试验，对不符合要求的梯子不准使用。

（2）梯子应能承受工作人员及携带工具攀登的重量。

（3）梯子的下部应有防滑胶皮。

（4）直梯使用时倾斜角应保持 60° 左右，上梯子时应有专人扶梯，扶梯人应戴安全帽，直梯不准平放使用。

（5）不准两人同上一梯工作。

（6）在梯子上作业时，应注意全身重心，有人工作时不准移动。

3. 手持式电动工具和移动式电气设备

（1）应设专人负责保管，定期维修保养和检修。

（2）每次使用前，必须经过外观检查和电气检查，其绝缘强度必须保持在合格状态。

（3）手持式电动工具（不含Ⅲ类）和移动式机电设备，必须按要求使用漏电保护器。

（4）导线必须使用橡胶绝缘软线，禁止用塑料护套线，导线两端连接牢固，中间不许有接头。使用的护套线必须有一芯专接保护性接地（接零），黄绿相间导线做接地（接零）用。

（5）应在干燥、无腐蚀性气体、无导电灰尘的场所使用，雨、雪天气不得露天作业。高处作业应有相应的安全措施。

（6）必须遵守有关的专业规定，并配备使用相应的安全工具。

4. 临时用电线路

（1）安装临时线路前必须进行申请，审核批准后方可施工。

（2）临时线路施工必须在主管电气人员、安技人员监督下进行，在易燃易爆场所架设临时线还应有安全人员参加。

（3）临时线路必须沿墙或悬空按固定线路架设，必须采用绝缘良好的橡皮线，线路必须与负荷相匹配，必须设总开关控制，如有分路应设与负荷相匹配的熔断器，露天作业的要有防雨措施。

（4）临时线路必须设有专人负责，实行安装、使用、拆除全过程管理。

（5）临时线路上的作业，停送电等事宜均按固定线路规定进行。

第三节 通用安全生产行为规范

一、日常安全行为规范

（1）员工不得将贵重、大件私人用品存储于公司公共场所、工作场地或仓库。

（2）员工下班前认真检查本岗位及办公场所，消除水、电、气等可能带来的隐患，如发现隐患而本人无法解决，下班前应立即报告主管领导。

（3）员工下班锁好各自的工具箱、办公桌抽屉及办公室门。

（4）发现事故苗头、可疑人物等立即报告主管或管理部门。

（5）做好交接班工作，实现班次之间无缝衔接。

（6）不得将亲友或无关人员带入工作场所，不准在值班场所或宿舍留宿客人。

（7）不准私接电源，不准使用电炉，不准在禁烟区抽烟。

（8）不准将打火机、火柴、香烟等带入易燃易爆物品场所或仓库。

（9）不准偷盗个人或公司财物，拾到物品一律上交管理部门。

（10）防火、防盗、防灾、防破坏、防恶性事故，是每个员工应尽的义务，要敢于与破坏公司安全的坏人坏事作斗争。

（11）员工自觉接受安全教育，增强安全防范意识。

（12）上下班、外出公干、出差，应严格遵守道路交通法规、条例，确保人身、财物安全。

安全妙语"谨"上添花：

日常行为要规范　防火防灾尽义务
自觉学习要安全　遵守规则不违章

二、发现火情应采取的措施

（1）保持镇静，力戒惊慌。

（2）火情小，立即使用附近的灭火器，将火势消灭在萌芽状态。

（3）火势大，不能处理，立即拨打火警电话"119"，准确报告起火地点，燃烧物质等情况。

（4）关掉一切电源开关，关闭火灾现场的门窗。

（5）迅速呼叫同事及员工援救。

（6）利用附近灭火设备，尽力将火扑灭。

（7）服从现场主管的指挥，见义勇为，奋力扑救。

（8）接到疏散通知，有序地从安全通道或安全出口转移，撤离现场。

（9）明火、焊接、高空作业，必须要有安全、防火措施，必须事先经主管批准才能进行。

（10）积极参加防火演习，了解有关消防知识；熟记火警电话，熟悉电源开关、安全出口通道、灭火器具体位置及使用方法。

三、出现意外事件须采取的措施

（1）如遇意外伤害事件，应照顾伤者或协助转送医院。

（2）拨打急救电话“120”。

（3）对紧急事故处理的要求：

1）对突发事件保持镇静。

2）迅速通知有关部门和领导。

3）在自身安全情况下，适时处置。

4）无关人员不准进入事故现场。

5）对外界应暂时封锁消息，对外发布信息由公司发言人办理。

安全妙语“谨”上添花：

紧急情况要报告　　及时呼救忙抢险
遇到火情不慌张　　人身安全最重要

四、作业行为的安全生产规定

（1）凡不符合安全生产要求，有严重危险的厂房、生产线和设备，每一位职工都有权建议停止操作，并及时报告领导处理。

（2）生产上岗安全要求。

1）入厂新工人，临时参加劳动及变换工种的人员及机器操作人员，未经安全教育或安全教育考试不合格者，不准参加生产。

2）电气、发电、制气、焊接（切割）、司炉、司机等特殊工种均应经专业培训和考试合格凭证操作。

（3）生产作业工作前进行严格检查，排除隐患。

1）工作前，必须按规定穿戴好防护用品，女工要把发辫放入帽内，旋转机床严禁戴手套操作。

2）检查设备和工作场地，排除故障和隐患。

3）不准带小孩进入工作场地。

4）保证安全防护、信号保险装置齐全、灵敏、可靠，保持设备润滑及通风良好。

5）不准穿拖鞋、赤脚、赤膊、戴头巾、戴围巾工作。

6）上班前不准饮酒。

（4）生产作业中必须集中精力，坚守岗位。

1）不准擅自把自己的工作交给他人。

2）不准打闹、睡觉和做与本职工作无关的事。

3）运转的设备，不准跨越或传递物件和触动危险部位。

4）不得用手拉或用嘴吹切削屑末。

5）不准站在砂轮正前方进行磨削。

6）各种机器不准超限使用。

7）中途停电，应关闭电源。

8）调整检查设备，需要拆卸防护罩时要先停电关机。

9）设计有防护罩的机器,不准在没安装好防护罩的情形下开机。

（5）搞好文明生产，保持厂区、车间、库房、通道等整齐清洁和畅通无阻。

（6）严格执行交接班制度。

1）上班下班必须切断电源、气源，熄灭火种，清理场地。

2）车间主管应巡查确认无误后，方可离开工作场地。

（7）两人以上共同工作时，必须有次有主，统一指挥。

（8）夜班、加班以及在封闭厂房作业时，必须安排两人以上一起工作。

（9）厂内行人要按指定通道通行。

1）严禁从行驶中的机动车辆中爬上、跳下。

2）车间内不准骑自行车。

3）严禁图方便而跨越危险区。

4）厂区道路施工时，要绕行。

5）厂区道路施工，要设安全遮拦和标记，夜间设警示灯。

（10）操作工必须熟悉所操作设备性能、工艺要求和设备操作规程；设备应设专人、定员操作。

1）开动本工种以外的设备时，须经有关领导批准后方可操作。

2）严禁擅自启动非本工种设备。

（11）检查修理机械、电气设备时，必须挂停电警示牌，设专人监护，停电牌必须谁挂谁取。非指定工作人员严禁合闸。开关在合闸前要细心检查，确认无人检修时方准合闸。非电气人员不准装修电气设备和线路。所使用的手提电动工具必须安全可靠，有良好的接地或接零设施。

（12）各类安全防护装置、照明、信号、监测仪表、警戒标记、防雷装置等，不准随意拆除或非法占用。

（13）一切电气、机械设备的金属外壳必须有可靠的接地安全设施。

（14）对易燃、易爆、剧毒、放射和腐蚀等物品，必须分类妥善存放，并设专人严格管理。

1）易燃、易爆等危险场所，严禁吸烟和明火作业。

2）不得在有毒、粉尘生产场所进餐、饮水。

（15）产生有害人体的气体、液体、尘埃、放射线、噪声的场所、生产线和设备必须配置相应三废处理装置或安全保护措施，并保持良好有效。

（16）变电室、配电室、发电机房、空压机房、油库、危险品库等要害部门，非本岗位人员未经批准严禁入内。

（17）各种消防器材、工具应按消防规范设置齐全，不准随便动用，安放地点周围不得堆放其他物品。

（18）发生重大事故或恶性未遂事故时要及时抢救、保护现场并立即报告领导和上级领导机关。

（19）注意自身安全保护，明确自身安全责任，避免吸毒等恶性事故造成人为伤亡。

安全妙语“谨”上添花：

拒绝三违除隐患　　设备使用不莽撞
遵章守纪保安全　　安全措施要做好

五、作业现场安全保护

1．火灾防护

（1）厂区内及仓库严禁吸烟及携带引火物品。

（2）易燃、易爆等危险物品应放于指定的安全地点，不得携入工作场所。

（3）仓库及生产车间内注意通风散热，易燃物（含挥发性易燃物）处标明“严禁烟火”字样。

（4）灭火器材按规定使用专用保险丝，不允许用铝、铜、铁丝等代替保险丝。

（5）焊接需持证操作，防止附近有易燃物。

（6）防止加工机械运行过程中摩擦生热着火，电源闸刀开关上不应有木屑、粉尘等易燃物。

（7）喷漆车间必须安装防爆装置和排风装置，及时排出易燃气体，严格控制油漆和溶剂的储存量。

（8）供电电线不能裸露且应保持清洁，不允许粘有化学性物质和粉尘。

（9）发现火灾隐患及时移开易燃物，发生火灾时先拨打火警电话“119”，志愿消防队应立即赶赴现场组织抢救。

（10）设置消防储水池，保持池内水满，水池上存放足量水桶。

2．身体伤害保护

（1）禁止湿手合闸。

（2）未经允许不准私自操作不属于自己负责的机器设备。

（3）发生伤害时，应及时将伤者送指定的医院抢救。

（4）在灰尘飞扬中工作或喷漆工作时，应戴口罩或防毒面罩。

（5）使用电气设备时应注意绝缘是否安全，焊接作业时应戴眼罩。

（6）特种作业人员应经过培训后持证上岗。

（7）遇停电时，立刻关闭总开关。

（8）检修机器、更换保险丝、拆装机器开关或安装照明灯具时，应先关闭电源开关，并且由机电工负责处理，其他人员不得私自操作。

（9）严格按设备操作规程操作设备。

（10）操作旋转机床、电动工具时，禁止戴手套，禁止系围巾，禁止敞开衣袖，做到领口紧，袖口紧、下摆紧。

（11）机床（钻床）调位或装拆刀具（钻头）等,必须停电操作。

3. 盗窃防范

（1）现金、贵重物品及机要文件，下班后应放于安全专柜，由专人负责保管。

（2）门卫要严格执勤，注意进出公司人员，夜班门卫不定时在公司内巡逻。

（3）加强财务人员道德教育，以防监守自盗。

（4）住宿员工保存好自己财物，平时门窗上锁；办公室人员下班后关闭门窗，确保上锁。

（5）盗窃发生后要保护现场，及时报告管理部门或派出所。

安全妙语"谨"上添花：

作业现场工作忙　　安全规章记得牢
个人防护很重要　　操作规程要遵守